नांगरणीशिवाय शेती

प्रताप चिपळूणकर

सकाळ प्रकाशन

नांगरणीशिवाय शेती

प्रताप रघुनाथ चिपळूणकर
७४३, शाहूपुरी, तिसरी गल्ली,
कोल्हापूर - ४१६००१

ISBN : 978-93-80571-41-6

प्रथम आवृत्ती
१ डिसेंबर २०१२

दहावी आवृत्ती
नोव्हेंबर २०२३

प्रकाशक
सकाळ मीडिया प्रा. लि.,
५९५, बुधवार पेठ, पुणे २.

मुखपृष्ठ - मांडणी
प्रदीप खेतमर
आर्ट ॲडव्हर्टायझिंग

संपर्क : पुस्तक प्रकाशन विभाग, सकाळ मीडिया प्रा. लि.,
फोन : ८८८८८ ४९०५० / ०२०-२४४०५६७८.
sakalprakashan@esakal.com

मनोगत

१९७० मध्ये शेतीतील पदवी घेऊन शेती करण्यास सुरुवात केली. त्याला आता ४२ वर्षांचा कालावधी लोटला आहे. हे माझे चौथे पुस्तक वाचकांपुढे ठेवत असताना मला या ४२ वर्षांतील वाटचालीतील अनेक स्थित्यंतरांची आठवण होते. तसे पाहता माझी शेतीची सुरुवात डोक्यावर प्रचंड आर्थिक बोजा असताना झाली. आर्थिक चणचण माणसाला अनेक नवनवीन गोष्टी शिकवत असते. प्रचलित कृषि विज्ञानाने मला फार थोड्या कालावधीत या आर्थिक अडचणीतून बाहेर काढले. सतत नवनवीन प्रयोग करण्याच्या प्रवृत्तीमुळे गेल्या ४२ वर्षांत किमान ३-४ वेळा आर्थिक गर्तेत जाणे व परत सुस्थितीत येणे असे घडले. या नागमोडी वाटचालीमुळे भरपूर नवीन गोष्टी शिकण्यास मिळाल्या व प्रयोगांची वाटचाल सुरूच राहिली. शेतीत संशोधन करणाऱ्या शास्त्रज्ञांचा प्रत्यक्ष शेत व शेतीशी कमी संबंध असतो; तर शास्त्रीय वाचन करून शेती करण्याकडे शेतकऱ्यांचा फारच कमी कल असतो. ४०-५० वर्षांपूर्वी बराचसा शेतकरी समाज अंगठेबहाद्दर होता. आताची पिढी लौकिक अर्थाने साक्षर आहे. परंतु व्यावसायिक साक्षरतेबाबत विचार केल्यास पूर्वी इतकीच निरक्षरता अद्यापही असावी. काळ बदलेल तशा शेतीतील समस्या बदलत जातात. बदलत्या परिस्थितीनुरूप शेती करण्याच्या पद्धतीत बदल होत जाणे गरजेचे आहे. यासाठी व्यावसायिक साक्षरता महत्त्वाची ठरते. १९९० मध्ये पूर्वीप्रमाणे चांगले कुजलेले खत टाकणे भावी काळात शक्य होणार नाही. याला पर्यायी मार्ग शोधण्याचे प्रयत्न सुरू झाले. या वाटचालीत वनस्पतींचे अवशेष व प्राण्यांच्या त्याज्य पदार्थांचे आच्छादन करून जमीन सुपीक करण्याच्या आच्छादन तंत्राचा अभ्यास झाला. आच्छादन तंत्राचा सविस्तर खोलवर जाऊन अभ्यास केल्यानंतर आच्छादनातील पदार्थ थेट शेतात कुजत असताना त्या जमिनीची आपोआप मशागत होते असे संदर्भ थेट पुस्तकात वाचवयास मिळाले. त्याची प्रचिती प्रत्यक्ष शेतात आजमावता आली. त्याचबरोबर अमेरिकेत भू-सूक्ष्मजीवशास्त्र

विषयात विद्यावाचस्पती पदवी घेऊन भारतात परतलेल्या बंगळुरूस्थित शास्त्रज्ञाने प्रत्यक्ष भेटीत याला दुजोरा दिला. जमिनीतील सूक्ष्म जीव जर मशागत करत असेल तर आपण मशागत करण्याची गरजच काय? या अभ्यासातून शून्य मशागत तंत्राची माझ्या शेतीत वाटचाल सुरू झाली. १९९० ते २००५ या काळात मी ५०% मशागत बंद केली व २००५ पासून १००% मशागत बंद करून शेती करू लागलो. त्या काळात यासाठी कोणीही मार्गदर्शक नव्हते. कल्पना सुचतील तशी वाटचाल सुरू होती. जीवाणूंकडून मशागत करून उत्तम प्रकारे शेती करता येऊ शकते याची खात्री पटली होती.

आर्थिक अडचणीच्या काळात उधारी उसनवारी करून मशागत करावी लागत असे. याचे भरपूर चटके मी सोसले आहेत. पुढे मी मशागतीसाठी पॉवर टीलर खरेदी केला व दुसऱ्यांच्या शेतीची भाड्याने मशागत करून देण्याचा धंदाही केला. आज माझ्याकडे मशागतीसाठीचे हे अवजार आहे. भाड्याचा धंदा केव्हाच बंद केला आहे. आता घरची मशागत करणेही बंद झाले आहे. मशागत बंद करून शेती करण्याचे जमिनीला, पिकाला, शेतकऱ्याला, पर्यावरणाला व राष्ट्राला भरपूर फायदे होतात. असे असूनही २००९ पर्यंत हे तंत्र माझ्या शेतीतच प्रायोगिक स्वरूपात वापरले जात होते. ४ ते ७ फेब्रुवारी २००८ या कालावधीत जागतिक संवर्धित शेतीवरील अधिवेशन नवी दिल्ली येथे पार पडले. त्याची माहिती 'दै. ॲग्रोवन'मुळे समजली. संवर्धित शेती (कॉन्झर्वेशन ॲग्रीकल्चर)मध्ये मशागत बंद करणे अगर अगदी गरजेपुरतीच मशागत करणे हे मुख्य तत्त्व असल्याने या अधिवेशनातील शोधनिबंधांवरील साहित्य मिळवणे गरजेचे होते. डायरेक्ट जनरल (सीड) या उच्चपदावर भारतीय कृषि अनुसंधान संस्था नवी दिल्ली येथे कार्यरत असणारे माझे मित्र श्री. एन. डी. जांभळे यांनी वरील परिषदेशी संबंधित सर्व साहित्य उपलब्ध करून दिले यासाठी त्यांचे आभार मानावेत तितके थोडे ठरतील. हे जवळपास मोठ्या आकारातील ११०० पानांच्या साहित्याचा अभ्यास करण्यात सुमारे दीड वर्षांचा कालावधी लोटला.

मशागत बंद करून आपण शेती करत आहोत. त्याचप्रमाणे जगभरातील अनेक देशांत यासंबंधीचे प्रयोग चालू आहेत. यासंबंधी जागतिक पातळीवरील संघटना आहेत व त्यांच्यासह एकत्र बसून झालेल्या कामावर व पुढे करावयाच्या कामासंबंधी चर्चा करण्यासाठी अधिवेशने होतात. ही सर्व माहिती आपण करत असलेल्या कामाला वैचारिक बळ देणारी होती. एका बाजूला नांगरणीची प्रथा शेतीत कशी चालू झाली असेल, केव्हा चालू झाली असेल याचाही अभ्यास सुरू होता.

पौराणिक काळात श्रीकृष्णाचा भाऊ बलराम याच्या खांद्यावर नांगर असल्याचे दिसते. इतके हे तंत्र मागे जाते. प्रश्न असा होता की जर नांगरणीशिवाय शेती होऊ शकते; तर ही परंपरा आजपर्यंत चालू कशी राहिली? चिंतनाने या प्रश्नाचे उत्तरही सापडले. आता ही सर्व माहिती शेतकऱ्यांच्या उपयोगाची असल्याने ती त्यांच्यापर्यंत पोचवणे गरजेचे वाटले. २०११ साली माझी 'नांगर सोडा' ही मालिका 'ॲग्रोवन'ने २७ भागांत प्रसिद्ध केली. वाचकांनी तिला भरभरून प्रतिसाद दिला. 'जमिनीची सुपीकता' या मालिकेचे ज्याप्रमाणे पुस्तक झाले, त्याप्रमाणे या मालिकेचेही पुस्तक तयार करावे अशी इच्छा अनेक वाचकांनी व्यक्त केली. सकाळ पुस्तक प्रकाशनाचे विभागप्रमुख श्री. आशुतोष रामगीर यांनी त्वरीत पुस्तकाचे काम पूर्णत्वाला नेले. सर्वांच्या आशीर्वादाने आज हे पुस्तक तयार होत आहे. पुस्तक तयार होईपर्यंत अनेकांचे सहकार्य लाभले, त्या सर्वांचे एकत्रित आभार मानतो.

पुस्तकाचे स्थूलमानाने तीन भाग पडतात.

१) मी स्वीकारलेली नांगरणीशिवायची शेती

२) जगभर चालू असलेली नांगरणीशिवाय शेती

३) ही पद्धत स्वीकारल्यानंतर आलेले अनुभव

आपण ज्या तत्त्वापोटी या पद्धती स्वीकारल्या त्यांचा जगभरच्या शेती पद्धतीशी काही समन्वय आहे का? हे पाहणे हा जगभरची शेती अभ्यासण्यामागचा खरा हेतू होता. हा पद्धती स्वीकारण्यात भरपूर तात्त्विक तफावत आढळली. यामागे तुलना करण्याचा उद्देश नाही. हा जिज्ञासेपोटी केलेला अभ्यास आहे. शेतकरी बंधूंनी सर्वच पद्धतींचा अभ्यास करून आपल्या परिस्थितीनुरूप त्यात योग्य सुधारणा कराव्यात. सर्वच शेतकऱ्यांना पुस्तक उपयुक्त ठरेल अशी अपेक्षा आहे. परंतु जास्ती करून सर्वसामान्य अल्पभूधारक, सर्व संसाधनांची कमतरता असणाऱ्या शेतकऱ्यांसाठी काही खास तंत्रे उपलब्ध होतील हा विचार मनात ठेवून लेखन केले आहे. यात थोडेफार यशस्वी होता आले, तरीही ती एक मोठी समाधानाची बाब ठरेल.

धन्यवाद.

प्र. र. चिपळूणकर
कोल्हापूर

अनुक्रम

सुधारित पेरणी यंत्राचा वापर वाढतो आहे.

प्रकरण १

संवर्धित शेती म्हणजे काय?

भाताचे काड तसेच ठेवून ज्या ओळीतून पेरणी करावयाची फक्त त्या ओळीचीच मशागत करणारी यंत्रे विकसित झाली आहेत. याच यंत्राला पाठीमागे खत व बी पेरणारे अवजार जोडलेले असते. एकाच वेळी सर्व कामे झाल्यामुळे योग्य वेळेत पेरणीचा प्रश्न सुटल्याने हे तंत्र पंजाब, हरियाणा व उत्तर प्रदेशचा गहू पिकवणारा पट्टा या भागात मोठ्या प्रमाणावर शेतकऱ्यात लोकप्रिय झाले. या संवर्धित शेती तंत्राचा घेतलेला आढावा...

संवर्धित शेतीचा प्रामुख्याने भर नांगरणीशिवाय शेती अगर गरजेपुरती नांगरणी यावर आहे. मी १९९० पासून टप्प्याटप्प्याने नांगरणी कमी करत आणली. सन २००५ पासून नांगरणी पूर्ण बंद अगर अगदी गरजेपुरतीच नांगरणी असा प्रकार चालू केला आहे. नांगरणी बंद करून शेती होऊ शकते; किंबहुना, पिकाच्या वाढीसाठी नांगरणी गरजेचीच नाही असे म्हटल्यास यापैकी अजूनही शेतकरी अगर शास्त्रज्ञ कोणाचाच विश्वास बसणार नाही.

नांगरणी अगर पूर्वमशागतीचे काम हजारो वर्षे जगभर चालू आहे. चांगली पूर्वमशागत हा पीक उत्पादनाचा विमा मानला जातो. जुन्या काळात बैलाने व पुढे यंत्राने हे काम मोठ्या प्रमाणावर पार पाडले जाऊ लागले. हे काम जास्तीत जास्त चांगले करण्यावर शेतकऱ्यांचा भर असतो. असे चांगले काम होण्यासाठी जगभरातील अवजारे तयार करणाऱ्या संस्था कोट्यवधीचा निधी संशोधन व विकास या कामावर खर्च करत असतात. यांत्रिकीकरणाच्या इतिहासात गेल्या १०० ते १२५ वर्षांच्या काळात हे काम अव्याहत चालू आहे. पुढेही चालू राहणार आहे. या सर्व पार्श्वभूमीवर नांगरणी अगर मशागत करू नका, असे म्हणणे वेडेपणाचे ठरावे अशी आजची स्थिती आहे. मी शास्त्र वाचून शास्त्रातील काही मूलभूत मुद्दे अभ्यासून यंत्राने मशागत बंद

संवर्धित शेती पद्धतीत शेतात काड तसेच ठेवून ज्या ओळीत पीक घ्यायचे त्या ओळीचीच मशागत करतात.

केली आहे. संवर्धित शेती ही एक चळवळ आहे. जगभरातील अनेक देशांत शेतकऱ्यांसह भारतीय कृषी संशोधन परिषद, आयएफएडी, अन्न आणि कृषी संघटना, भारतीय कृषी अर्थशास्त्र परिषद आणि भारतीय भू-विज्ञान परिषद या संस्थांतील तज्ज्ञ याविषयी काम करत आहेत.

संवर्धित शेतीचा इतिहास :

साधारणपणे २०व्या शतकाच्या सुरुवातीला शेतीत मशागतीसाठी यंत्रांचा प्रवेश झाला. भारतात १९६० ते ७०नंतर मशागतीसाठी यंत्राच्या वापराला सुरुवात झाली. १९३१ ते ३४ दरम्यान जमिनीची सुपीकता घटत चालल्याची नोंद अमेरिकेत झाली. रासायनिक खतांचा वापर, यंत्राच्या वापराने जमिनी कठीण बनणे व धूप ही यामागची प्रमुख कारणे असल्याचे सांगितले गेले. १९४३ मध्ये प्रकाशित झालेल्या 'प्लाऊमन्स फॉली' या एडवर्ड प्लूंकनेर यांच्या ग्रंथामुळे संवर्धित शेतीसंबंधी विचारांना चालना मिळाली. शून्य मशागतीवर पेरणीचे यंत्र विकसित होणे आणि तणनाशकाच्या वापरातून तणनियंत्रण करणे हे १९६० मध्ये लागलेले दोन शोध या तंत्राच्या भावी काळातील वाटचालीतील मैलाचे दगड मानावे लागतील. पुढे लवकरच व्यापारी तत्त्वावर शून्य मशागतीचे प्रयोग प्रत्यक्ष शेतकऱ्यांच्या शेतात सुरू झाले.

सन १९७०च्या अखेरीस शून्य मशागत तंत्राचे आगमन भारतात झाले होते; परंतु अनेक कारणांनी या तंत्राकडे फारसे लक्ष दिले गेले नाही. त्या काळात भारतात नुकतीच हरितक्रांतीला सुरुवात झाली होती. ट्रॅक्टरच्या, तसेच खते, कीडनाशके व सुधारित बियाण्यांच्या वापराला सुरुवात झाली होती. मोठ्या प्रमाणात धान्ये आयात करावी लागणारा देश या तंत्राने धान्य उत्पादनात स्वयंपूर्ण झाला होता. उत्पादनाचा सततचा चढता आलेख सर्वांना खुणावत होता. सन १९७०च्या दरम्यान त्या वेळची परिस्थिती अभ्यासल्यास या तंत्राकडे दुर्लक्ष झाले असे म्हणणे योग्य ठरणार नाही. पुढे या तंत्राची योग्य दखल घेतली जाण्यास सन १९९६ साल उजाडावे लागले. परिस्थितीचा रेटाच असा होता, की शेतकरी व शास्त्रज्ञांना या तंत्राची दखल घेणेच भाग पडले. भात-गहू सोसायटी, भारतीय कृषी संशोधन परिषद, कृषी विद्यापीठ, ऑस्ट्रेलियातील आंतरराष्ट्रीय कृषी संशोधन केंद्र, आंतरराष्ट्रीय भात संशोधन संस्था यांनी या संवर्धित शेती प्रकारात लक्ष घातले. तोपर्यंत गहू व भाताची कापणी यंत्राने सुरू झाली होती. यंत्राने कापणी केल्यानंतर काड मोठ्या प्रमाणात रानात तसेच विखरून पडते. सुरवातीच्या काळात काड पेटवून दिले जात असे. हे काड न पेटविता आहे तसेच ठेवून भाताची अगर गव्हाची पेरणी करणे हा या अभ्यासाचा केंद्रबिंदू होता. काडातून जमिनीला सेंद्रिय कर्ब व त्यात असणारी अन्नद्रव्ये परत मिळावीत आणि काड जाळल्याने होणारे पर्यावरणीय नुकसान टाळावे हे काही महत्त्वाचे मुद्दे होते. यामध्ये सर्वांत महत्त्वाचा मुद्दा हा होता, की भाताची कापणी झाल्यानंतर काड पेटविल्याशिवाय मशागत करता येत नसे. मशागत केल्याशिवाय या काळात उपलब्ध असणारी पेरणी यंत्रे चालत नसत. या कामात इतका वेळ जात असे, की गव्हाची पेरणीची वेळ पुढे जात असे. गव्हाला थंडीचा काळ कमी मिळाल्याने उत्पादन घटत असे.

शून्य मशागत आणि पेरणी यंत्र :

गव्हाच्या पेरणीची अडचण लक्षात घेऊन पेरणी वेळेत आटोपणे यासाठी काड तसेच ठेवून पेरणी करू शकणारी यंत्रे विकसित केली गेली. यातून

संवर्धित शेतीची मूलभूत तत्त्वे

- जमिनीची धूप थांबवणे
- पिकाच्या शेष भागाचे आच्छादन करणे
- पाणी कार्यक्षमतेने वापरणे
- ऊर्जेचा वापर कमी करणे

संवर्धित शेतीची अधिवेशने

१) २००१ मधील ऑक्टोबरमध्ये माद्रिद (स्पेन) येथे केवळ 'संवर्धित शेती' हा विषय घेऊन पहिले अधिवेशन भरविण्यात आले. अन्न आणि कृषी संघटनेसह जागतिक पातळीवरील कृषी संशोधनासंबंधी काम करणाऱ्या अनेक संघटना यात प्रायोजक म्हणून सहभागी होत्या. एकूण ७० देशांतील शास्त्रज्ञांनी भाग घेतला होता. या वेळी मशागत कमी करून जमिनीत सेंद्रिय कर्बाचे प्रमाण वाढवण्याचा अभ्यास करणे आणि त्यांचा आंतरराष्ट्रीय परिषदा घेऊन जगभर प्रसार करणे या मद्द्यांवर चर्चा करण्यात आली.

२) दुसरी आंतरराष्ट्रीय परिषद ऑगस्ट २००३ मध्ये ब्राझील देशात झाली. या परिषदेतील मुख्य चर्चेमध्ये निसर्गाशी मैत्री करून उत्पादन वाढवणे, संवर्धित शेती व सुधारित शेती तंत्रज्ञान यांमध्ये समन्वय साधून शाश्वत शेती विकसित करणे, जमिनीचे आरोग्य सुधारणे, शेतीतील रसायनांचा वापर कमी करणे, नैसर्गिक स्रोतांचे संवर्धन करणे, जमिनीतील कर्बाचे संवर्धन करणे आणि लहानापासून मोठ्या शेतकऱ्यापर्यंत कोणालाही कोणत्याही पिकात वापरता येतील अशी संवर्धित शेतीची नवीन तंत्रे विकसित करणे हे विषय मांडण्यात आले.

३) तिसरी परिषद ऑक्टोबर २००५ मध्ये केनिया (आफ्रिका) येथे झाली. आफ्रिकन संवर्धित शेती मंडळ, केनियाचे कृषी खाते, केनिया संवर्धित शेती अभियान हे मुख्य प्रायोजक होते. या परिषदेमध्ये संवर्धित शेतीतून गरिबीचे उच्चाटन, शेतकऱ्यांचा विकास करणे, या तंत्रात शेतकऱ्यांचा सहभाग वाढवणे, आफ्रिकेतील शेतकऱ्यांच्या समस्यांचा अभ्यास करून संवर्धित शेतीची तंत्रे विकसित करणे आणि आंतरराष्ट्रीय पातळीवर समान तत्त्वावर काम करणाऱ्या संस्थांशी समन्वय राखून काम करणे, असे चर्चेचे मुख्य मुद्दे होते.

४) संवर्धित शेतीची चौथी परिषद ४ ते ७ फेब्रुवारी २००९ मध्ये दिल्ली येथे भरली होती. भारतीय कृषी संशोधन संस्था, शेती मंत्रालय, भारत सरकार, राष्ट्रीय कृषी संशोधन निगम, आंतरराष्ट्रीय कोरडवाहू शेती संशोधन संस्था व अन्न आणि कृषी संघटना (युनो) हे प्रमुख प्रायोजक होते. २००९मध्ये भारताला या परिषदेचे यजमानपद मिळाले.

रिसोर्स कॉँझर्व्हेशन टेक्नॉलॉजी (RCT) हे नवीन तंत्र उदयास आले, त्यालाच आपण मराठीत 'संवर्धित शेती' असे म्हणतो. काड तसेच ठेवून ज्या ओळीतून पेरणी करावयाची त्या ओळीचीच फक्त मशागत करावयाची यासाठी काड गुंडाळले जाऊ नये म्हणून करवतीप्रमाणे दात असणारी गोल चक्रे फिरवून ओळीत आडवे येणारे काड कापणे व पेरणी यंत्राचा मोघणा जमिनीत उतरण्याइतकी जमिनीची मशागत केली जाते. याच यंत्राला पाठीमागे खत व बी पेरणारे अवजार जोडलेले असते. एकाच वेळी ही सर्व कामे झाल्यामुळे योग्य वेळेत पेरणीचा प्रश्न सुटल्याने हे तंत्र पंजाब, हरियाणा व उत्तर प्रदेशचा गहू पिकवणारा पट्टा या भागात मोठ्या प्रमाणावर शेतकऱ्यांत लोकप्रिय झाले. पहिल्या हरितक्रांतीची कडूगोड फळे याच भागातील शेतकऱ्यांनी मोठ्या प्रमाणावर चाखली होती.

सन २००२ पर्यंत न नांगरता पेरणी करण्याच्या यंत्रात खूप सुधारणा झाल्या. डबल डिस्क काऊल्टर, स्टार व्हील पंच प्लँटर, टर्बोसीडर व हॅपी सीडर अशी नवीन यंत्रे विकसित झाली. त्याला या तंत्रातील दुसऱ्या पिढीची अवजारे असे म्हटले जाते. पुढे चिखलणीशिवाय भाताची रोपे लावणे, गादी वाफ्यावर पेरणी करणारी यंत्रे विकसित झाली. हे तंत्र झपाट्याने शेतकऱ्यांत लोकप्रिय झाले. शेतीला व शेतकऱ्यांना प्रत्यक्ष-अप्रत्यक्षपणे या तंत्रातून बराच फायदा होत असल्याशिवाय हे कसे शक्य आहे? शास्त्रज्ञांनी या तंत्राचा सर्वांगीण अभ्यास केला आहे. काही वेळा भातानंतर पुढचे पीक घेता येत नव्हते, ते या तंत्रामुळे शक्य झाले. उत्पादनात वाढ, भविष्यकाळातील या तंत्राची उपयुक्तता, पर्यावरणीय परिणाम, काड न जाळता आच्छादनात तसेच ठेवण्याचे परिणाम, हरितक्रांती व या मशागत क्रांतीतील फरक, अन्नद्रव्य व्यवस्थापनावर झालेले परिणाम, पाणी व्यवस्थापनावरील परिणाम व सामाजिक परिणाम असा सर्वांगीण अभ्यास झाल्याने या तंत्राची उपयुक्तता महत्त्वाची ठरते.

विविध देशातील कृषी संशोधन केंद्रांमध्ये शून्य मशागत तंत्रज्ञानाबाबत संशोधन सुरू आहे.

प्रकरण २

तंत्रज्ञान विकसित व्हावे

संवर्धित शेती हा प्रकार आपल्यासाठी नवीन आहे. कित्येकांना 'संवर्धित' या शब्दाचा अर्थ कळणार नाही. शून्य अगर कमीत कमी मशागत करून केलेली शेती असा याचा अर्थ आहे. जगभर ही चळवळ वाढू लागली आहे. संवर्धित शेती करताना कोणते प्रयोग करणे शक्य आहे त्याबाबत.

अनेक कारखान्यांतील ऊस शेवटच्या टप्प्यात तुटल्याने पूर्वमशागत करून पुढील खरिपाचे पीक कसे घ्यावे, असा प्रश्न शेतकऱ्यांपुढे दरवर्षी असतो. वेळेत तुटलेल्या अगर तीन ते चार महिने अगोदर रान रिकामे झालेल्या शेतकऱ्यांनाही संवर्धित शेतीचे तंत्र वापरता येते; परंतु अशा बहुतेक शेतकऱ्यांनी खोडवे नांगरून टाकलेले असतात. उसाचे खोडवे अजिबात न नांगरता पुढील पीक लागवड शक्य आहे. यासाठी ऊस शेतीतील पाचट शक्यतो जाळू नये. ज्यांना शक्य आहे, त्यांनी लावण पिकात भरणीनंतर हे पाचट एक आड एक सरीत टाकावे. ज्यांना हे शक्य नाही, त्यांनी शेताच्या रुंदीनुसार दोन्ही बाजूंच्या पाच ते दहा सऱ्यांतील पाचट मध्यभागी घेऊन त्याचे रानात बांध घालावेत. बांधाखाली काही क्षेत्र नापेर राहिले तरी पाचटाचे खत पावसाळाअखेर जागेवरच जमिनीत मिसळल्याने त्याखाली पड राहिलेल्या जमिनीमुळे झालेला तोटा भरून निघतो. अशा रानात बैलाचे अगर ट्रॅक्टरचलित पेरणी अवजार चालणार नाही. रान ओले (पाऊस अगर सिंचनाने) करून घेतल्यानंतर मशागत केलेल्या रानाप्रमाणेच टोकण पद्धतीने पेरणी करता येते. नेहमीच्या अंतरावर टोकण करण्यास मनुष्यबळ जास्त लागते, यासाठी पिकाच्या ओळीतील अंतर वाढवण्याचे प्रयोग चालू आहेत. भातपिकातील अंतर २२ सें.मी. वरून ४५ सें.मी. वर नेल्याने कमी बियांत कमी खर्चात (श्री पद्धत) टोकण होऊन उत्पादनात वाढ मिळाली आहे. याच पद्धतीने इतर कोणकोणत्या पिकातील

अंतर वाढवता येईल, याचा अभ्यास सुरू आहे. भुईमुगाची पेरणी करण्यासाठी पिकातील अंतर २२ ऐवजी ४५ सें.मी. केल्यास उत्पादन चांगले मिळेल असे वाटते. हे प्रयोग आणखी होणे गरजेचे आहे. या पद्धतीत सामान्य शेतकऱ्यांच्या मनात अशी शंका येणे स्वाभाविक आहे, की उसाचे खोडवे सतत उगवत राहणार, यामध्ये इतर पिके कशी वाढतील? मुख्य पिकाची उगवण होण्यापूर्वी 'ग्लायफोसेट' हे तणनाशक शिफारस केलेल्या प्रमाणात फवारता येते. ज्यांना हे शक्य नाही, त्यांनी दोन वेळा कापून तेथेच आच्छादन करावे अगर वैरणीसाठी वापरावे. पुढे पीक वाढून ते खोडवे झाकून टाकेल. भाताप्रमाणे सोयाबीन कडधान्ये, भुईमूग असे कोणतेही पीक घेता येते.

मुख्य पीक उगवणीनंतर जितक्या लवकर रान झाकून टाकेल, तितके चांगले मानले जाते. यातून तणांची वाढ काही प्रमाणात नियंत्रित होते. ओळीतील अंतर वाढवल्यास तणांचा त्रास मोठ्या प्रमाणावर होईल, सरी वरंब्यावरील पिकात कोळपणी करता येणार नाही या शंका येतील. ओळीतील अंतर वाढवल्याने तणनाशकाकडून तणनियंत्रण करणे अतिशय सुलभ होते. फुटवे येऊन संख्या वाढवणाऱ्या अगर खोड मोठे होऊन जास्त उत्पादन मिळणाऱ्या पिकाची दाट पेरणी करून लवकर रान झाकणे योग्य नाही. मूळ कोंबापेक्षा फुटीच्या काड्या जास्त जाड व मजबूत असतात. यामुळे फूट येण्याला वाव देणे तसेच खोड जाड करण्याला वाव देणे या गोष्टींवर अभ्यास होणे गरजेचे आहे. शून्य मशागतीवर टोकण पद्धतीने पिके घ्यावी लागल्याने कमीत कमी मनुष्यबळात टोकणीचे काम कसे करता येईल, हा विषय अत्यंत महत्त्वाचा बनतो. बागायतीत पाऊस जास्त काळ उघडला तर एक-दोन पाणी देणे आपल्या हातात असते. कोरडवाहूत अशी शक्यता नसल्याने अवर्षण काळात पिके जगवणे अवघड बनते व मोठ्या प्रमाणावर नुकसान होते.

कोरडवाहूमध्ये संवर्धित शेती :

कोरडवाहू क्षेत्रात 'नांगरणीशिवाय शेती'चे तंत्र कसे अवलंबता येईल, यावर थोडा विचार करू या. कोरडवाहूत अनेक विषय हाताळावे लागतील. यामध्ये योग्य वेळेत पेरणी पूर्ण करणे, जमिनीची धूप होणार नाही किंवा ती कमीत कमी होईल याची काळजी घेणे, जमिनीमध्ये सेंद्रिय पदार्थांची

संवर्धित शेतीचे तंत्रज्ञान जाणून घ्या

मशागत, बियाणे, खते, कीडनाशके यावर आज जितकी चर्चा होते, तितकी ती सेंद्रिय खत व्यवस्थापनावर चर्चा होत नाही. फक्त नांगरणी बंद केल्याने जमिनीतील सेंद्रिय पदार्थांची टक्केवारी काही प्रमाणात वाढते हे खरे असले तरी संवर्धित शेती म्हणजे फक्त नांगरणी बंद करून केलेली शेती असा अर्थ घेतला जाऊ नये. भातानंतर गहू पेरणीची वेळ साधण्यासाठी मशागत बंद करून खास तयार केलेल्या अवजाराने पेरणी करणे म्हणजे संवर्धित शेती असाही मर्यादित अर्थ घेतला जाऊ नये. 'रिसोर्स कॉन्झर्वेशन टेक्नॉलॉजी' (RCT) म्हणजेच संसाधनांचे संवर्धन करणारे तंत्र म्हणजे फक्त मशागतीवर होणारा वेळ व खर्च वाचवणारे तंत्र असा नाही. शेतीतील सर्वच संसाधनांचा वापर कमी करणे, वापराची कार्यक्षमता वाढवणे, व्यवस्थापनावरील खर्च कमी होणे, मशागतीसाठी यंत्र व बैलांचा वापर, सेंद्रिय खत, रासायनिक खत, बियाणे, पाणी, पीक संरक्षक साधने व तणनाशके याबरोबर आजच्या परिस्थितीसाठी सर्वांत महत्त्वाचे मनुष्यबळ अशा सर्वच साधनांचा यात संबंध येतो. पंजाब, हरियाणा, उत्तर प्रदेश पट्ट्यात भात कापणी उशिरा होते व गव्हाच्या मशागतीला अपुरा वेळ मिळत असल्याने तिकडे संवर्धित शेतीचा वापर चालू आहे. महाराष्ट्रात अगर दक्षिण भारतात भाताच्या कापण्या सप्टेंबर-ऑक्टोबरमध्ये आटोपतात व गहू अगर पुढील रब्बी पिकांच्या मशागतीसाठी शेतकऱ्यांना भरपूर वेळ असतो. मग आपण मशागत करूनच पेरणी करणे चांगले. नवीन तंत्रे खास करून त्यांच्यासाठी आहेत; आपल्यासाठी नाहीत, अशी चुकीची समजूत करून घेऊन आपण यापासून दूर राहून शेती व शेतकऱ्यांचे प्रचंड नुकसान करत आहोत. हंगामवार, पीकवार वेगवेगळ्या क्षेत्रासाठी वेगवेगळी तंत्रे विकसित करावी लागणार आहेत. प्रत्यक्ष काम करत असता, अनेक अडचणी येणार आहेत. दर वर्षी अडचणींचे स्वरूप वेगवेगळे असणार आहे. यासाठी संवर्धित शेती हे आपल्या सर्वांपुढे एक आव्हान आहे.

टक्केवारी वाढवणे, पाऊस लांबल्यास ओलावा टिकवून ठेवणे, उत्पादन खर्च कमीत कमी ठेवणे, शून्य मशागत पद्धतीने वरील प्रश्नावर मात करता येईल का, यावर अभ्यास व प्रत्यक्ष शेतात प्रयोग होणे गरजेचे आहे.

पहिल्या पावसानंतर पूर्वमशागतीस प्रारंभ होतो. लहान-मध्यम शेतकरी बैलाने; तर मोठे शेतकरी ट्रॅक्टरने मशागत करतात. बैलाने काकर मारून अगर पेरणी यंत्राने पेरणी केली जाते. क्षेत्रे मोठे असणारे शेतकरी ट्रॅक्टरचलित पेरणी यंत्राने पेरणी आटोपतात. ओलावा उपलब्ध आहे, तोवर पेरणी उरकून घेणे याला खूप महत्त्व असते. पेरणीनंतर जास्त दिवस पाऊस उघडला, अगर गरजेपेक्षा जास्त लागत राहिला तर मशागती केलेल्या जमिनीत उगवणीत अडथळे येतात. उघडिपीत पोकळ जमिनीतील ओलावा जलद उडून जातो, तर पाऊस जास्त झाल्यास जमीन गरजेपेक्षा जास्त पाणी धरून ठेवते. गरजेप्रमाणे ओलावा मिळणारी वर्षे खूप कमी असतात. मशागत न केलेल्या जमिनीत ओलावा जास्त काळ टिकून राहतो, तसेच पाऊस जास्त झाल्यास जादा पाणी सहज निचरून जाऊ शकते.

कापूस, तूर यांसारखी लांब अंतरावरील पिके फक्त काकर मारून अगर जुन्या पिकाच्या ओळीनुसार पहिल्या पावसाबरोबर डोबून घ्यावीत. शेतातील इतर कामे सुरू नसल्याने या काळात डोबण्यासाठी मजूर मिळतील. लांब अंतरावरील पिकांत मिश्रपिके म्हणून सोयाबीन, कडधान्ये घेतली जातात. या मिश्रपिकांच्या ओळीतील अंतर जवळ असते. ही पिके डोबणे शक्य होणार नाही. कोरडवाहू क्षेत्राचे आकारमान मोठे असते, अशा सर्व क्षेत्राची मशागत करून पेरणी करण्याऐवजी लांब अंतरावरील पिके मशागतीशिवाय शेती पद्धतीने डोबून करावीत. जवळ अंतरावरील पिके मशागत करून पेरणी यंत्राने पेरणी करूनच घ्यावीत. मिश्रपीक पद्धत न वापरता या खालील क्षेत्रे वेगवेगळी करावीत. सर्व क्षेत्राची मशागत करण्याचा त्रास वाचेल. मिश्रपीक पद्धतीमुळे सर्व क्षेत्राची कोळपणी (डवरणी) भागलणी करून रान स्वच्छ ठेवावे लागते, गावातील सर्व शेतकऱ्यांचे हे काम एकाच वेळी चालू असल्याने उपलब्ध मनुष्य बळावर दबाव वाढतो. मजुरीचे दर वाढतात. खर्च वाढत जातो. सर्व क्षेत्र साफ ठेवणे अवघड होते. मिश्र पिकासाठी काही निवडक तणनाशके बाजारात उपलब्ध आहेत. त्यांचा वापर करणे अवघड होते. फक्त सोयाबीनचे पीकच असेल तर त्याची यांत्रिक कापणी-मळणी करता येते. तूर अगर कापसात मिसळल्याने हाती कापणी व उचलून नेऊन बाहेर मळणी करणे भाग पडते. कापूस, तुरीसारख्या लांब अंतरावरील पिकांच्या ओळीतील अंतर सात ते नऊ फुटांपर्यंत वाढवावे, म्हणजे त्याच्या बियाणे व टोकण खर्चात बचत होऊ शकते. अंतर वाढविण्याचे अनेक उद्देश आहेत.

दोन ओळींतील मधल्या जागेचा वापर सेंद्रिय खत व्यवस्थापनासाठी करावयाचा आहे. मी हा एक मार्ग त्यासाठी सुचवीत आहे. जमिनीची सुपीकता हा विषय सेंद्रिय कर्बापाशी सुरू होतो व सेंद्रिय कर्बापाशीच संपतो. अफाट कोरडवाहू क्षेत्रासाठी सेंद्रिय खत द्या असे सांगणे सोपे आहे, ते वास्तवात कधीच आणता येत नाही. सध्याच्या शेती करण्याच्या पद्धतीत जनावरांची कामे यंत्राकडून केली जातात. शेषभागाचे जळण, धसकटे गोळा करून जाळणे व सतत रान स्वच्छ ठेवण्याचा आटापिटा यातून जमिनीला सेंद्रिय पदार्थ मिळण्याचे सर्व मार्ग बंद होतात. उत्पादन मध्य धरून शेती केली जाते; ती सुपीकता मध्य धरून केली गेली पाहिजे. केवळ दरवर्षी वरीलप्रमाणे कामे करून जमीन पिकाऊ राहणार नाही, यासाठी पीक उत्पादनाबरोबर जमिनीत सेंद्रिय पदार्थ वाढविणारी खास तंत्रे विकसित करावी लागतील. शेणखत, कंपोस्टखत तयार करणे व योग्य वेळी शेतात पसरवणे ही कामे मनुष्यबळाअभावी अवघड होत चालली आहेत. अशा परिस्थितीत सेंद्रिय खत व्यवस्थापनाचे नवे मार्ग शोधावे लागणार आहेत.

भात पट्ट्यात सुधारित तंत्रज्ञानाचा वापर होणे आवश्यक आहे.

प्रकरण ३
भातपट्ट्यातही प्रयोग

भातशेतीच्या पारंपरिक पद्धतीत बदल करून शेतकऱ्यांनी सुधारित तंत्राचा अवलंब केला पाहिजे. टोकण पद्धतीने पेरभात पद्धतीचे तंत्रज्ञान आणि त्यामुळे होणारे फायदे याबाबत या प्रकरणात माहिती दिली आहे.

कोकण-विदर्भातील भात उत्पादक पट्ट्यात रोपे तयार करणे, चिखलणी, लावणी या पद्धतीने भातशेती पिकवली जाते. सह्याद्री लगतच्या घाटावरील जिल्ह्यांच्या तालुक्यांतून भातखाचरातून वरीलप्रमाणे लावण, तर सपाटीवरील काळ्या, खोल जमिनीत पेरभात पद्धतीने शेती केली जाते. या दोन्ही ठिकाणी पूर्व मशागत केली जाते. भाताला सुरुवातीच्या एक महिन्याच्या काळात इतर पिकाप्रमाणे वाफशाची व घट्ट जमिनीची गरज असते. या काळात गरजेपेक्षा जास्त ओलावा झाल्यास भातपीक व्यवस्थित उगवत नाही अगर उगवलेले पीक व्यवस्थित वाढत नाही. नांगरलेल्या भुसभुशीत जमिनीत ओलावा जास्त झाल्यास पीक पिवळे पडते. असा ओलावा जास्त काळ राहिल्यास भात भरून जाते. या त्याच्या विशेष गरजांचा अभ्यास करूनच वेगवेगळ्या भौगोलिक परिस्थितीत लावणी व पेरभात या पद्धती विकसित झाल्या आहेत. पाणी तुंबून राहणार नाही, अशा जागी रोपे तयार केली जातात. साधारण तीन ते चार आठवड्यांनंतर खाचरात चिखलणी करून लावण केली जाते. तीन-चार आठवड्यानंतर भातपीक उभ्या पाण्यात वाढू शकते. सपाटीवरील काळ्या रानात खाचराप्रमाणे पाणी तुंबवता येत नाही, चिकट, खोल मातीमुळे चिखलणी करता येत नाही. एकदा पाऊस पडल्यानंतर पेरणी यंत्रे चालवणेही अवघड बनते. म्हणून पूर्वमशागत करून धूळवाफेवर पेरणी करण्याची प्रथा, रूढ झाली आहे. एकदा वाफशात पाणी तुंबवून चिखलात तण कालवून टाकले, की पुढे तणांचा त्रास कमी होतो व सरसरीत चिखलात रोपे जलद गतीने लावता

शेतकऱ्यांचे अनुभव

मालवणचे श्री. मधुकर राणे पाऊस पडण्यापूर्वीच मशागत करून ओळीत टोकण पद्धतीने भातपेरणी करतात. कोळपणी व निंदणी करून तणे नियंत्रणात आणतात व पुढे पाणी साठवून उत्तम उत्पादन घेतात. केवळ घरातील माणसांवर हे काम पार पाडता येते. मालेगाव नेरळचे (जि. रायगड) श्री. चंद्रशेखर भडसावळे भातानंतर गादी वाफ्यावर ठिबक करून रब्बी हंगामात दुसरी पिके घेतात. त्याच गादीवाफ्यावर मशागत न करता पेरभात पद्धतीने भातशेतीचे प्रयोग ते करणार आहेत. लावणी न करता चांगला चिखल तयार करून भोके पाडलेल्या ड्रममध्ये फिरवून ओळीने रानात अंकुरलेले भात पसरवले जाते. चिखलावर ते भात रुजते व वाढते. येथे चिखलणी आहे, परंतु रोप करणे व लावणीचे काम कमी करण्याचा प्रयत्न केला आहे. श्री. भडसावळे हे प्लॅस्टिक मल्टिंग करून अत्यंत कमी पाण्यात उन्हाळी भातशेती यशस्वी करण्याचे प्रयोगही करत आहेत. ठाणे जिल्ह्यातील वाडा गावचे दादा वाडेकर हे असेच एक प्रयोगशील भात उत्पादक आहेत. जपानचे निसर्गशेती तज्ज्ञ फुकुओका मातीच्या गोळ्यांत भाताचे बी मिसळून उन्हाळ्यात वाळवून ठेवत व या गोळ्या शेतात योग्य पद्धतीने टाकल्या, की पेरणीचे काम संपत असे. दादा वाडेकर यांनी अशा गोळ्या तयार करण्याचे यंत्रच विकसित केले आहे. गोळ्या एका ओळीत टाकण्यासाठी सुधारित मार्कर त्यांनी तयार केला आहे. पाऊस पडताच मार्करच्या खुणेवर पायाने गोळी दाबली, की पेरणी झाली. कोळप्यातून तणनियंत्रण करतात. पूर्वी ते अशा गोळ्या टाकण्यापूर्वी रानाची मशागत करत असत. आता मशागत न करता गोळ्याने पेरणीचे प्रयोग चालू आहेत. आगामी काळात जाती, खते, कीडनाशके बदलतील, मात्र मूळ शेतीच्या तंत्रातच बदल होणे आवश्यक आहे. नुकसान होईल असे गृहीत धरून सोसवेल इतक्या क्षेत्रावर दर वर्षी वेगवेगळे प्रयोग करीत गेल्यास दोन ते पाच वर्षांत अनेक नव्या पद्धती विकसित होतील.

येतात. चिखलणी या पूर्वमशागतीचा संबंध मुख्यत्वे भाताच्या मुळांची वाढ होण्याशी नसून लावणीचे काम जलद गतीने आटोपण्याशी आहे.

टोकण पद्धतीने पेरभात लागवड :

यापुढील काळात राब, रोपे करणे, चिखलणी व लावण अशा सर्वच कामांना फाटा देत टोकण पद्धतीने पेरभात पद्धत अशा एका पर्यायावर विचार करावा लागणार आहे. सुरवातीच्या काळात खाचरात पाणी साठणार नाही. वरून पडणारे जादा पाणी एका कोपऱ्यात गोळा होऊन दारातून वाहून जाईल अशी खाचराची बांधणी करून घ्यावी. पाऊस पडताच ओलसर जमिनीवर टोकण पद्धतीने पेरणी करावी. ज्या खाचरात संपूर्ण पाणी एका बाजूने बाहेर निघून जात नाही. त्यात एकदाच ६० ते ७५ सें.मी. अंतराने सरी-वरंबे बसवून घ्यावेत. हे काम एकदाच करावे, दरवर्षी नाही. सरीतून जादा पाणी बाहेर पडेल असे तोंड करावे. वरंब्याच्या उतारावर निम्म्या अंतरावर भातटोकण करावी. सुरुवातीचे तीन आठवडे ओलावा राहील असे पाहावे व नंतर दार थोडे बंद करून खाचरात गरजेप्रमाणे पाणी साठवावे.

कोकणात रान (तणे) उठण्याचे प्रमाण प्रचंड असते. राब पेटवण्यामागील एक मुख्य उद्देश तणांचे बी जाळणे हा आहे, परंतु बाजारात आता चांगली तणनाशके उपलब्ध आहेत. भात पेरणीनंतर उगवणीपूर्वी शिफारस करण्यात आलेल्या तणनाशकांचा योग्य प्रमाणात वापर केल्यास फक्त भाताचीच उगवण होईल, इतर बहुतेक तणे उगवणारच नाहीत. भात पेरणीनंतर पाचव्या दिवशी रोपे दिसू लागतात, त्यामुळे पेरणीनंतर चार दिवसांत तणनाशक फवारणीचे काम पूर्ण करणे गरजेचे आहे. समजा काही कारणाने हे शक्य झाले नाही तर भात उगवल्यानंतर तज्ज्ञांच्या शिफारशीनुसार मेटसल्फ्युरॉन मिथाईल हे तणनाशक वापरावे. तणनाशक वापरताना भातासाठी शिफारस करण्यात आलेली तणनाशके तज्ज्ञांच्या सल्ल्याने फवारणे गरजेचे आहे. क्षेत्र मर्यादित असणाऱ्यांनी हात-कोळपे वापरून ओळीतील तणनियंत्रण व निंदणी करून रोपालगतचे तणनियंत्रण करता येते.

भातरोपे करूनच नंतर त्याची लावण केली तरच उत्पादन चांगले मिळते. पेरभाताचे उत्पादन चांगले मिळणार नाही अशी एक गैरसमजूत सर्वत्र रूढ आहे. यामागे तणनियंत्रण करणे अवघड बनणे हेच कारण

आहे. त्याचप्रमाणे २० दिवसांपर्यंत मुळाशी पाणी साठून न राहता वाफसा मिळणे हे प्रमुख कारण आहे. मी घाटावर खोल काळ्या जमिनीत गेली ४० वर्षे पेरभात शेती करत आहे. २०१०मध्ये सलग १५ दिवस मृग नक्षत्राचा पाऊस प्रचंड स्वरूपात लागल्याने पावसापूर्वी उगवण पूर्ण झालेले २०-२५ टक्के भात जादा पाण्याने मेले, असे अपवादात्मक अपघात घडू शकतात. नंतर उगवलेल्या, शिल्लक राहिलेल्या भाताची विरळणी करून नांगे पडलेले सांधून घेतले. निंदणीचे काम तणनाशकांनी पार पाडल्याने या नांदे भरण्याच्या कामास पुरेसा वेळ देता आला हे खास करून नमूद करत आहे.

जमिनीत सेंद्रिय घटकांचे प्रमाण वाढवणे आवश्यक आहे.

प्रकरण ४

नांगरणीशिवाय शेतीचे अनुभव

आपल्याला उसाची खोडकी आणि मुळ्या शेतात जागेवरच कुजवून खत तयार करता येते; परंतु हे करताना पुढील फेरपालटाचे पीक घेण्यासाठी नांगरणी बंद करून, आहे त्याच सरी वरंब्यावर घेण्याचे तंत्र विकसित करावे लागणार आहे. या प्रकरणामध्ये नांगरणीशिवाय शेतीचे अनुभव आणि डॉ. क्लेमंट यांनी ऊस उत्पादनवाढीसाठी केलेल्या संशोधनाचा आढावा घेतला आहे.

कोरडवाहू व कोकण - विदर्भातील भात पट्ट्यात नांगरणीशिवाय शेती कशी करता येऊ शकते, याबाबत मागील लेखात आपण माहिती घेतली. मी प्रथम १५ वर्षे ५०% मशागत कमी करून शेती केली, त्यानंतर सन २००५ पासून १००% मशागत थांबवली. पीकवाढीसाठी मशागतीची अजिबात गरज नाही, हा विचार वाचकांपुढे मी ठामपणे अनुभवांतून मांडू शकतो; परंतु नांगरणीसह पूर्वमशागतीचा आपल्यावर मागील कित्येक शतकांच्या पिढ्यान्‌पिढ्यांचा इतका प्रभाव आहे, की इतके वाचूनही बहुतेक शेतकऱ्यांचा या तंत्रावर विश्वास बसणार नाही. यासाठी पुन्हा एकदा मशागतीशिवाय शेती तंत्राचा बारकाव्याने अभ्यास करणे महत्त्वाचे ठरणार आहे.

नांगरणी म्हणजे नेमके आपण काय करतो, हे प्रथम अभ्यासले पाहिजे. मानव जातीच्या विकासाच्या सुरुवातीच्या काळात फक्त पावसाळी पिकेच घेतली जात असावीत. बागायती पिकांची लागवड त्यानंतर कित्येक वर्षांनी सुरू झाली असावी. उन्हाळ्यामध्ये जमिनीतील ओलावा मोठ्या प्रमाणात उडून गेल्याने जमिनी कडक बनतात. अशा कडक जमिनीत बी कसे पेरावे, हा प्रश्न होता, त्यामुळे त्या काळी पेरलेल्या पिकाची मुळे वाढणे सोपे जाण्यासाठी लागवडीपूर्वी नांगरणी या कृषिकर्माला मानवाने सुरुवात केली असावी.

वसाहती करून, शेती करून धान्य पिकवण्याची कला अवगत करण्याच्या काळात उन्हाळ्यात दुसरे काम नसल्याने कडक जमीन भुसभुशीत करण्याच्या कामाला मानवाने सुरुवात केली. मशागतीला जास्त शक्ती लागत असल्याने हाताने काम करण्याऐवजी पुढे बैल, घोडा, उंट व हत्तीसारख्या प्राण्यांना माणसाळवून गरजेनुसार मशागतीची अवजारे विकसित झाली. नांगराचा फाळ घुसवून नांगरणी केल्यावर प्रथम मोठमोठी

ढेकळे सर्व रानात दिसतात. पुढे ही ढेकळे मशागतीने लहान करून रान पेरणीसाठी तयार केले जाते. नांगरणीनंतर कुळवाच्या पाळ्या दिल्या जातात. कुळवाच्या दिंडाला लोखंडी फास असते. ती फास जमिनीखालून ठराविक उंचीने चालत असताना पूर्वीच्या पिकाच्या, तणांच्या मुळ्या गोळा करीत पुढे सरकते. या कामातून ढेकळे आणखी लहान होतात, त्यामुळे ही मुळे पृष्ठभागावर फासावरील वसाण काढल्यानंतर इतस्ततः पसरलेली असतात. यानंतर पूर्वीच्या पिकाचे बुडखे, मुळांचा पसारा धसकटे म्हणून गोळा करून जाळून टाकली जात किंवा शेताबाहेर टाकली जात होती. धसकटे, काडी-कचरा गोळा झाल्यानंतर जमीन एकसारखी काळीभोर दिसू लागते. आता पाटा मारल्यानंतर जमीन पेरणीयोग्य झाल्याचे ठरवले जाते.

हे सर्व काम करताना नेमक्या कारणांचा शोध घेण्याचा मी प्रयत्न केला. कुरी किंवा पेरणी यंत्राचा फण किंवा दात एखाद्या ढेकळाला तटून अगर मुळात अडकून कुरी हिंदकळू नये, एकसारखी चालावी हा यामागे उद्देश असतो. कुळवाची अखंड फास उभी-आडवी कुरीच्या फणापेक्षा थोडी जास्त खोलीवरून चालविल्याने कुरी (पेरणी यंत्र) एकसारखी चालते. पेरणी यंत्राचे फण आकाराने लहान असतात, ते अडकून मोडून जाऊ शकतात, पेरणीच्या कामात व्यत्यय येऊ शकतो, यासाठी कुळवाची फास ७५ ते ९० सें.मी. लोखंडी पट्टीची तयार करण्याच्या कामात त्या काळातील शेतकऱ्यांची कित्येक वर्षे गेली असावीत. कुरी एकसारखी बसून जाण्यामागील महत्त्व ज्याने स्वतः पेरणी केली आहे, त्यालाच कळेल. मुठीतून दाणे सोडत असता चाड्याच्या चार किंवा सहा छिद्रांत समान दाणे पडणे महत्त्वाचे असते. कुरी जर हिंदकळत चालू लागली, तर पेरक्याला समान दाणे सोडता येत नाहीत, दाणे कमी-जास्त पडतात. काही ओळींत पेरणी दाट होते, तर काही ओळींत रिकाम्या जागा राहतात. असे न होण्यासाठी जास्तीत जास्त मशागत करण्याकडे कल वाढत गेला. पेरणी करणाऱ्याला पेरक्या व एका रेघेत पेरणी यंत्र बैलांकडून चालवणाऱ्याला कुरक्या म्हणतात. ही कामे इतर कामांच्या तुलनेत जास्त कौशल्याची आहेत. गावात मोजकीच मंडळी यात तरबेज असतात. ही सर्व कामे स्वतः केल्याने यातील बारकाव्यांचा अभ्यास मला करता आला. हे सर्व इतके सविस्तर देण्यामागे उद्देश इतकाच आहे, की पेरणी व्यवस्थित व्हावी.

उसानंतर भात, भुईमूग, सोयाबीन, गहू, सूर्यफूल, कडधान्ये असे कोणतेही पीक जमीन ओलावून टोकण पद्धतीने घेता येते. पुढे हे पीक काढल्यानंतर तेच जुने सरी - वरंबे पुढील ऊस पिकासाठी वापरायचे असल्याने नांगरणीची गरज नाही. इतर पिकांप्रमाणे टोकण पद्धतीने उसाचे बेणे आकाराने मोठे असल्यामुळे लावता येत नाही. मग सरीच्या तळात बळिरामचे एक तास मारून नेहमीप्रमाणे लावण करता येते. ही झाली बी पेरणीसाठी नांगरणी. म्हणजे बी पेरणी करण्याच्या जागेपुरतीच मशागत, बाकी रानाला धक्का लावायचा नाही. उत्तर भारतात याच तत्त्वाने भातानंतर गहू पेरणीची अवजारे वापरली जातात. कोणतेही महागडे अवजार खरेदी न करता गव्हाच्या पेरणीमागील वरील तत्त्व ऊस शेतीत आपण वापरू शकतो. पायाभूत मूलतत्त्वे सर्वत्र समान असतात. स्थानिक परिस्थितीनुरूप त्यात बदल करून ती वापरावीत.

जमीन हवी भुसभुशीत

पिकाच्या मुळांची वाढ चांगली होण्यासाठी अशा भुसभुशीत जमिनीची गरज आहे का? यावर फारसे चिंतन कोणी केलेले नाही. कठीण जमिनीच्या तुलनेत भुसभुशीत केलेल्या जमिनीत मुळांची वाढ चांगली होईल हा मुख्य उद्देश ठेवून पूर्वमशागतीचे सर्व काम चालते; परंतु पेरणी यंत्र व्यवस्थित चालावे हाच मुख्य उद्देश असतो. नांगरणीचा दुसरा मुख्य उद्देश असा आहे, की एखादे पीक घेण्यासाठी रानाची रचना करणे गरजेचे असते. उदा. सरी - वरंबे, वाफे, सारे वगैरे. अशी रचना करण्यासाठी नांगरणी करावीच लागते. चांगल्या भुसभुशीत मातीतच सरी - वरंबा, वाफे, सारे तयार करणे शक्य आहे, याला पर्याय नाही हे मान्य करावे लागेल. या दोन मुख्य उद्देशांचा अभ्यास केल्यास संवर्धित शेतीत वरील दोन कामे जमीन न नांगरता करता आली, तर आपण शून्य मशागत तंत्र वापरू शकतो.

अन्नद्रव्ये											
ऊस पिकाचे भाग	साखर	नत्र	पोटॅश	स्फुरद	गंधक	कॅल्शिअम	मॅग्नेशिअम	बोरॉन	मँगेनीज	लोह	जस्त
जून पाने (मृत)	२.८	०.८४	०.९२	०.०७८	०.०३५	०.२७	०.४५	१५०	९-९००	३४९	२६
जून पानांचे देठ (मृत)		०.२४	०.६४	०.४५	०.६९	०.०८	०.२७	२३	३-३०००	६९	३९
खोडकी	५०.२	०.१२	०.३८	०.०२६	०.११	०.०५६	०.१०	--	२-४४६	६९	३५
मुळे	-	-	-	-	-	-	०.२१०	१५	६-८६०	१६२९	१०५

ऊस शेतीमधील अनुभव

सन १९९० पासून मी उसाचे पाचट जाळणे पूर्णपणे बंद केले. शेण खत, कंपोस्ट खत विकत आणून शेतात मिसळण्याला पाचटाचा पर्याय स्वीकारला. हा प्रयोग २००५ पर्यंत चालू राहिला; मात्र सन २००५ पासून शून्य मशागत पद्धत सुरू केली. पाचटातून सेंद्रिय खताची गरज भागवण्याचा प्रयत्न चालू असतानाच आपण उसाची खोडकी (ऊस तुटल्यानंतर जमिनीत राहणारा भाग) आणि मुळांचे जाळे फुकट घालवीत आहोत हे लक्षात आले; पण हेसुद्धा जर जमिनीत कुजवता आले, तर जमिनीतील सेंद्रिय कर्ब आणखी वाढवता येणे शक्य आहे, असा विचार बरीच वर्षे मनात घोळत होता.

जमीन नांगरल्यास उसाची खोडकी बायका जळणाला वेचून नेणार आणि समजा, नेऊ दिले नाही, तर पुढील पिकाच्या मशागतीला अडथळे येणार. आपण गोळा करून त्याचे कंपोस्ट करून टाकणे ही कल्पना मनुष्यबळाअभावी केवळ अशक्य. मग आपल्याला खोडकी आणि मुळ्या शेतात जागेलाच कुजवून त्याचे खत आहे त्याच ठिकाणी करावयाचे असल्यास, नांगरणी बंद करून आहे त्याच सरी - वरंब्यावर पुढील फेरपालटाचे पीक घेण्याचे तंत्र विकसित करावे लागले. फेरपालटाच्या भात पिकासाठी वाफसा व कडक जमिनीची गरज व जागेलाच मिळणारे खत हे दोन्ही उद्देश साध्य होण्यातून नांगरणीशिवाय शेती तंत्राची सुरुवातमाझ्या शेतात सुरू झाली. पुढे सर्व खरीप पिके व परत गरजेपुरत्या मशागतीच्या ऊस शेतीत सर्वच पिकांचे उत्पादन पूर्वीपेक्षा चांगले मिळाल्याने या तंत्राच्या अधिक अभ्यासाची गरज वाटली.

पेशी पृथक्करण शास्त्राचा अभ्यास

नांगरणीशिवाय वाढणाऱ्या ऊस पिकाकडे पाहिल्यास मागील १५ ते २० वर्षांपेक्षा जमिनीत काही तरी वेगळा फरक झाल्याचे जाणवत होते. ऊस उत्पादनात ४० ते ५०% वाढ दिसत होती, तर सर्व परिस्थितीची साथ मिळाल्यास १००% वाढ होण्याची सुप्तशक्ती या तंत्रात असल्याचे जाणवत होते. संपूर्ण जागेला १५ वर्षे पाला कुजवून फारसा उत्पादनात फरक पडत नव्हता. आता केवळ त्याच्या जोडीला खोडकी व मुळांचे जाळे जागेलाच कुजल्याने नेमका काय फरक झाला, याचे शास्त्रीय उत्तर शोधण्याच्या मागे लागलो.

पेशी पृथक्करण शास्त्र म्हणून एक तंत्र शेतीत वापरले जाते. प्रथम वनस्पतीच्या वेगवेगळ्या भागांत वेगवेगळ्या अन्नघटकांचे प्रमाण काय असले पाहिजे हे ठरवले जाते. याला त्या - त्या अन्नद्रव्याचा 'स्टँडर्ड इंडेक्स' म्हटले जाते. पुढे वनस्पतीच्या भागाचे पृथक्करण करून प्रमाणितपेक्षा नेमकी काय कमतरता आहे हे तपासले जाते. कमी असणारे घटक पुरवण्याचे प्रयत्न केले जातात. महाराष्ट्रात द्राक्षासाठी हे तंत्र वापरले जाते. द्राक्ष बागायतदार संघाने विभागवार अशा प्रयोगशाळांची उभारणी करून शेतकऱ्यांची चांगली सोय केली आहे.

खोडक्यातील घटक

डॉ. क्लेमंट यांनी हवाईबेटांवर अन्नद्रव्यांचे 'स्टँडर्ड इंडेक्स' तंत्राच्या साह्याने ५० वर्षे काम करून उसाचे उत्पादन मोठ्या प्रमाणावर वाढवून दाखविले होते. त्यांचे 'शुगरकेन क्रॉप लॉगिंग ॲण्ड क्रॉप कंट्रोल' हे पुस्तक कृषी जगतात प्रसिद्ध आहे. त्यांनी उसाच्या

वेगवेगळ्या भागांचे वेगवेगळ्या अवस्थेत पृथक्करण करून त्याची कोष्टके पुस्तकात दिली आहेत. यातून पाचटाचे खत, खोडकी व मुळापासून तयार होणारे खत यात नेमका काय फरक आहे हे सापडेल असा उद्देश होता. अनेक कोष्टकांतून वेगवेगळ्या अन्नघटकांचे प्रमाण त्यांनी शोधले आहे. हा अभ्यास परिपूर्ण आहे, असा दावा नाही; परंतु विचारांना एक नवी दिशा यातून मिळू शकेल.

सोबतच्या कोष्टकातून दिसते, की मृत पानांच्या १७ पट; तर मृत देठांच्या सात पट जास्त साखर खोडक्यात आहे. बाकी अन्नघटकांचे प्रमाण पानाच्या तुलनेत खोडक्यात कमी आहे. सर्वच अन्नघटकांची मुळामध्ये असणारी टक्केवारी सापडत नाही; परंतु चार ते पाच घटकांबाबतची सापडते. त्यात वनस्पतीच्या इतर भागांच्या तुलनेत मुळात अन्नद्रव्यांचे प्रमाण जास्त दिसते. यातून एक महत्त्वाची गोष्ट ध्यानात येते, की वनस्पतीचा बुडखा व मुळांची जाळी जागेलाच कुजल्यास जमिनीची सुपीकता वाढते.

जमिनीत सेंद्रिय घटकांचे प्रमाण वाढल्याने पीकवाढीला फायदा होतो.

प्रकरण ५

खोडकी, धसकटे फायदेशीर

ऊस पाचट कुजताना फक्त सेल्युलोज तंतुयुक्त पदार्थ कुजत होते, त्यामुळे या पदार्थांच्या कुजण्यातून जमिनीत जे खत तयार होत होते, त्याची शक्ती कमीच होती; परंतु ज्या वेळी खोडकी व मुळांची जाळी जागेलाच कुजविली, त्यावेळी त्यांच्या कुजण्यातून जमिनीत चांगल्या दर्जाचे खत तयार झाले. या खताचा पीक उत्पादनवाढीला फायदा झाला. यातून असा निष्कर्ष निघतो, की उसाच्या बुडख्याकडील लिग्निन तंतुयुक्त पदार्थांचे जमिनीत खत केले असता, पिकाच्या जोमदार वाढीसाठी त्याचा फायदा होतो.

गेली १५ वर्षे ऊस पाचटाच्या आच्छादनातून पीक उत्पादनात अपेक्षित वाढ झाली नव्हती; परंतु उसाची खोडकी आणि मुळांचे जाळे जमीन न नांगरता तशीच ठेवून पुढील पिके घेत असता उत्पादनात भरपूर वाढ मिळाली. वाळलेली पाने व खोडकी - मुळांची जाळी या दोन कुजणाऱ्या पदार्थांत नेमका काय फरक आहे, याचा शोध घेण्याच्या वाटचालीत डॉ. क्लेमंट यांनी त्यात असणारा अन्नघटकांतील फरक जो शोधून काढला होता, त्याचा फायदा झाला. या संदर्भातील कोष्टक मागील लेखात दिले आहे. खोडकीत साखर मोठ्या प्रमाणात आढळते. बाकी अन्नद्रव्ये कमीच प्रमाणात दिसून येतात. मुळांमध्ये काही अन्नद्रव्ये खूप मोठ्या प्रमाणावर असल्याचे दिसते. कुजणाऱ्या पदार्थात साखर असेल, तर तो पदार्थ कुजत असता काय फरक होईल, या विषयी डॉ. क्लेमंट यांच्या पुस्तकात काही संदर्भ सापडतात. साखर हा एक ऊर्जास्रोत आहे, त्याच्या वापराने फायदा

होत असावा. म्हणून शेणाच्या स्लरीत काळा गूळ मिसळण्याची शिफारस केली जाते.

पाने आणि खोडकी यांचा आणखी सविस्तर अभ्यास आपण वेगळ्या दृष्टिकोनातून करणार आहोत. अर्थात, हा सर्व भाग नांगरणीशिवाय शेतीपैकीच आहे. आपल्या शरीराला उभे करण्यासाठी हाडे व हालचाल करण्यासाठी सांधे असतात. या हाडांना स्नायूबंध जोडलेले असतात, यामुळे शरीर उभे राहू शकते. शरीराच्या ज्या भागाला जास्त भार पेलावा लागणार आहे, तेथील हाडे व स्नायूबंध मोठ्या आकाराचे व जास्त ताकदवान बनवण्यात आले आहेत. वनस्पतींचेही असेच असते.

वनस्पतींची ताकद :

लहान गवतापासून प्रचंड मोठ्या वृक्षापर्यंत उभे राहण्यासाठी अशाच तंतुमय पदार्थांची रचना केलेली असते. इतर पेशींच्या साह्याने हे तंतू झाडाला उभे ठेवतात. शास्त्रीय भाषेत या तंतूंचे वर्गीकरण सेल्युलोज, हेमी सेल्युलोज, लिग्निन असे केलेले आहे. सर्वसामान्यांना समजण्यासाठी आपण त्यांना कमी ताकदीचे म्हणजे सेल्युलोज, मध्यम म्हणजे हेमी सेल्युलोज व भरपूर ताकदीचे म्हणजे लिग्निनयुक्त तंतू असे म्हणू या. वनस्पतीचा जितका भार एखाद्या भागाला पेलावा लागतो, त्यानुसार त्या भागात या वेगळ्या तंतूंची रचना केलेली असते. यानुसार पानांच्या कडा हलक्या, त्यापेक्षा मधली शीर जास्त ताकदीची, त्यापेक्षा देठ, कोवळ्या फांद्या, जून फांद्या, बुडखा व मुळे या क्रमाने जास्त जास्त ताकदीचे तंतू वापरून त्या त्या भागाला भार पेलण्याची गरजेइतकी शक्ती प्राप्त होते. ही ताकद कमी - जास्त होण्यासाठी निसर्गात नेमकी काय यंत्रणा आहे याचा अभ्यास केल्यास असे दिसते, की वनस्पतींचे शरीर मुख्यतः कार्बनने तयार होते.

कार्बनचे सहा अणू एकत्र येऊन त्याचे एक

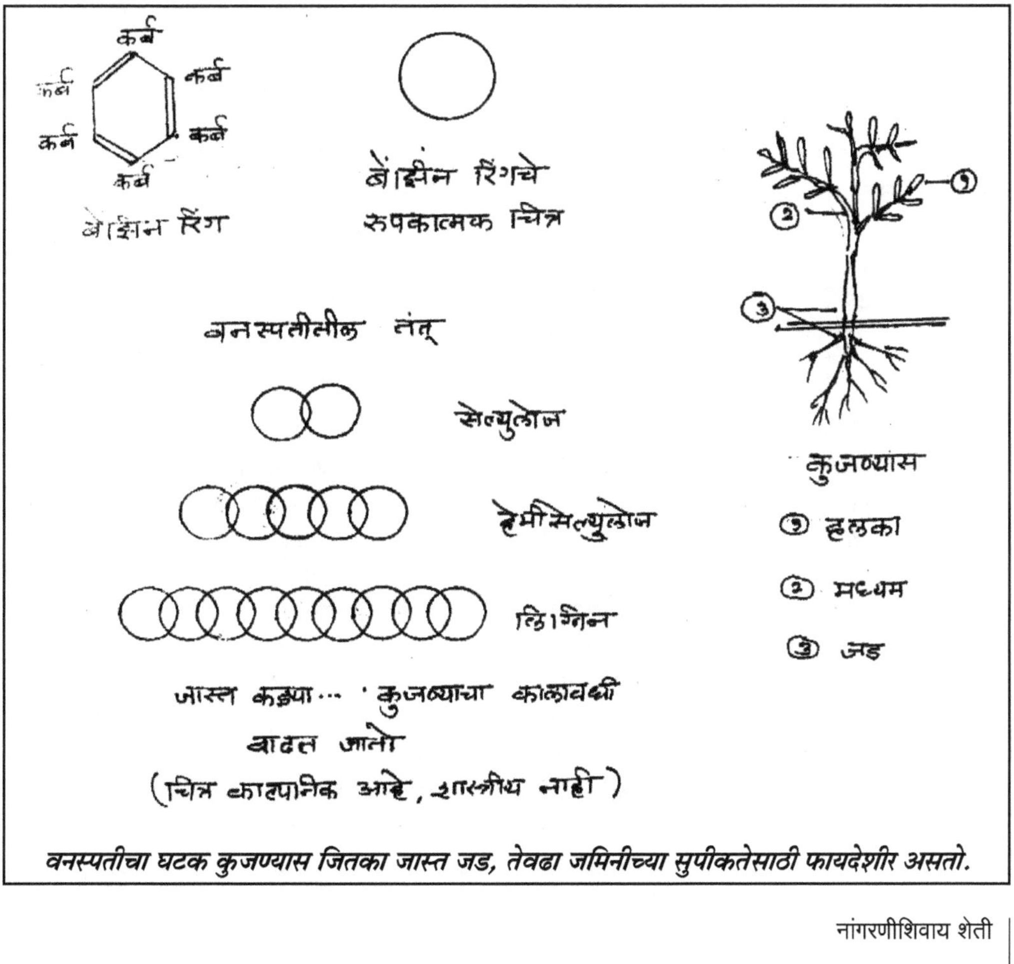

वनस्पतीचा घटक कुजण्यास जितका जास्त जड, तेवढा जमिनीच्या सुपीकतेसाठी फायदेशीर असतो.

खोडकी, धसकटे जागेवर कुजवा

प्रचलित शेती पद्धतीत आता आपण काय करत आहोत याचा अभ्यास करू या. जमिनीची सुपीकता टिकवून ठेवणे व उत्पादकता वाढवण्यासाठी आपण चांगले कुजलेले शेणखत अगर कंपोस्टचा वापर करत आलेलो आहोत. शेण व गदाळा कुजवून शेणखत अगर कंपोस्ट तयार होते. जनावरांच्या दाताला चावेल अशीच वैरण आपण देतो, यामुळे कमी शक्तीचे सेल्युलोजयुक्त पदार्थ त्यांच्या पोटात जातात. पुढे कमी शक्तीचे शेण व कंपोस्ट खत तयार होते. असे खत जमिनीला फार मोठी शक्ती देऊ शकत नाहीत. आजकाल त्याचाही वापर दुर्मिळ होत चालला आहे. शेणखत, कंपोस्ट खताच्या भरपूर वापराने आजवर जो फायदा आपल्याला दिसतो, तो अजिबात काहीच न वापरण्यापेक्षा त्यातल्या त्यात बरे या प्रकारातील आहे. यापेक्षा आणखी जास्त काही चांगले आहे का, याचा शोध घेण्याचा फारसा प्रयत्न झालेला नाही. ज्वारीच्या कडब्याचा बुडखा अगर उसाचे एखादे खोडके जर खताच्या खड्ड्यात गेले, तर सहा महिन्यांत ते तसेच बाहेर आल्याने खत तयार करण्याच्या उपयोगी नाही असेच ठरवले गेले. या उलट असे लिग्निन तंतुमय कुजण्यास जड पदार्थ जर चुलीत जाळले, तर अतिशय उत्तम उष्णता देतात, यामुळे असे सर्व पदार्थ घरगुती अगर औद्योगिक जळण म्हणूनच जाळले जातात. जळण ही समाजाची फार मोठी गरज आहे. यामुळे ती भागवत असता, जमिनीच्या सुपीकतेची आपण फार मोठी हानी करत आहोत, असा पुसटसा विचारही मनात येण्याची शक्यता नाही.

पीक कापणीनंतर त्याचे जमिनीत राहणारे अवशेष याच गटातील असतात. ऊस शेतीत फेरपालटीसाठी जमीन नांगरल्यानंतर बायका जळणासाठी खोडकी वेचून नेतात. अशी खोडकी विनासायास बाहेर गेल्यामुळे शेतकरी खुशीत असतात. पुढे कुळवाच्या पाळीत सर्व मुळे अडकून गोळा होतात. खोडकी मोडून झालेला काडी-कचरा व मुळांची जाळी धसकटे म्हणून वेचून जाळली अगर बाहेर टाकली जातात. विदर्भ - मराठवाड्यात नांगरणीनंतर पुढील पेरणीच्या व डवरणीच्या कामाला अडथळा येऊ नये म्हणून तूर, कापसासह विविध पिकांची धसकटे गोळा करून जाळली जातात. धसकटे गोळा करण्याची प्रथा सर्वत्र रूढ आहे, तसेच ती शेतीशास्त्रातील एक शिफारसही आहे.

खोडकी व मुळांचे जाळे जागेलाच ठेवून पुढील पीक घेत असता, जी उत्पादनवाढ मिळाली, त्यातून आता माझे मत असे झाले आहे, की जमिनीची सेंद्रिय पदार्थांची गरज भागवण्यासाठी येथून पुढे शेणखत व कंपोस्टवरील लक्ष कमी करून धसकटांवर आपले लक्ष केंद्रित करणे गरजेचे आहे. आपण हलक्या दर्जाच्या (सेल्युलोज) पदार्थावरच सर्व लक्ष केंद्रित केले आहे. मात्र, उत्तम दर्जाचे सेंद्रिय खत देणारे, फुकट मिळणारे पदार्थ आपण दुर्लक्षित केले आहेत (लिग्निन तंतू). सेंद्रिय पदार्थांच्या कमतरतेमुळे जमिनीच्या सुपीकतेची सर्वत्र हानी होताना दिसत आहे. ही उणीव धसकटांतून काही प्रमाणात सहज भरून काढता येईल.

कडे तयार होते. शास्त्रीय भाषेत याला बेंझिन रिंग (आकृती पाहावी) असे म्हणतात. बेंझिन रिंग कर्बाचे सहा कण एकमेकांना जोडून तयार झालेली असते. सेंद्रिय रसायनशास्त्रात ती ठराविक पद्धतीच्या आकृतीने दाखवली जाते. आपल्याला शेतकरी पातळीवर या सर्वांचा रूपकात्मक अभ्यास करावयाचा आहे. यासाठी त्याच्या षटकोनी आकाराऐवजी आपण त्याला कर्बाची कडी असे म्हणू या. सेल्युलोज धाग्यात या कड्या एकमेकांत कमी संख्येत गुरफटलेल्या असतात. हेमी सेल्युलोज व पुढे लिग्निन धाग्यांत कड्यांची संख्या वाढत जाते. त्यांची लहान - मोठी साखळी तयार होते. कड्यांची संख्या जितकी जास्त, तितकी त्या धाग्याची शक्ती जास्त. एखाद्या धाग्याला जितका जास्त भार पेलावयाचा असेल, त्याप्रमाणे कड्यांची संख्या वाढवून त्या भागाला जास्त शक्ती दिली जाते. कमी कड्यांचे वनस्पतींचे भाग मऊ असतात. कड्या जशा वाढतील त्याप्रमाणे त्यांचा कठीणपणा वाढत जातो. दुसऱ्या बाजूला कड्यांची संख्या वाढत जाईल तसे ते पदार्थ कुजण्यास अधिकाधिक जड बनत जातात. कुजण्यास लागणारा कालावधी वाढत जातो.

हा सर्व क्लिष्ट अभ्यास वाचकांपुढे ठेवण्यामागे हेतू हा आहे, की याचा शेती करत असता प्रत्यक्ष शेतात आपल्या सर्वांना खूप उपयोग आहे. उसाचे पाचट १५ वर्षे न जाळता मी ते थेट जमिनीत

कुजवले, उत्पादनात फारशी वाढ झाली नाही. खोडकी व मुळांची जाळी थेट कुजवण्यास सुरुवात केल्यानंतर मात्र उत्पादनात अनपेक्षित वाढ मिळाली. याच्या कारणाच्या शोधात वरील अभ्यास झाला. पाचट कुजवत होतो, तोवर फक्त सेल्युलोज तंतुयुक्त पदार्थ कुजवत होतो. या कमी शक्तीच्या, तंतुमय पदार्थांच्या कुजण्यातून जमिनीत जे खत तयार होत होते त्याचीही शक्ती कमीच होती, उत्पादन वाढवण्यास ती पुरेशी नसावी. ज्या वेळी खोडकी व मुळांची जाळी तिथल्या तिथे कुजवली, त्यांच्या कुजण्यातून जमिनीला प्रचंड शक्ती प्राप्त झाली, उत्पादनात वाढ झाली. यातून निष्कर्ष असा निघतो, की बुडख्याकडील लिग्निन तंतुयुक्त पदार्थांचे जमिनीत खत केले, तर उत्पादकतेत अपेक्षित वाढ करता येते.

शेतात पाचट योग्य पद्धतीने कुजवावे.

प्रकरण ६

सेंद्रिय पदार्थ सावकाश कुजवा

सूक्ष्मजीवशास्त्राचा एक सिद्धांत असा आहे, की जमिनीखाली जर कुजण्याची क्रिया चालू झाली, तर कुजवणारे जिवाणू सेंद्रिय पदार्थातील अन्नद्रव्याबरोबर त्या परिसरातील संपूर्ण उपलब्ध अन्नद्रव्ये स्वत:च्या वाढीसाठी वापरतात. त्या परिसरात एखाद्या पिकाची मुळे जर वाढत असतील, तर उपलब्ध अन्नद्रव्यांबाबत पीक व जिवाणू यांत स्पर्धा लागते. या स्पर्धेत जिवाणू कधीच हार मानत नाहीत. जोवर कुजण्याची क्रिया चालू आहे, तोवर पिकाच्या मुळांना अन्नद्रव्ये न मिळाल्याने पिकाची उपासमार होते. कुजण्याची क्रिया पूर्ण झाल्यानंतर तयार होणाऱ्या खतातील अन्नद्रव्ये मग पिकाला उपलब्ध होऊ शकतात.

खोडकी व धसकटांचे जमिनीच्या सुपीकतेसंबंधीचे महत्त्व आपण मागील प्रकरणात पाहिले. आपल्या 'एक काडातून क्रांती' या पुस्तकात मासानोबू फुकुओका 'जमिनीला लाकडे द्या' असा उल्लेख करतात. याचा शब्दशः अर्थ घेऊन वखारीतून लाकडे विकत घेऊन जमिनीला देणे असा याचा अर्थ नाही. काष्ठमय पदार्थ जमिनीत परत गेला पाहिजे, असा अर्थ यातून घ्यावा. डॉ. एफ. जे. स्टिव्हन्सन आपल्या 'ह्युमस केमिस्ट्री' या पुस्तकात जमिनीची सुपीकता वाढवायची असल्यास जमिनीत बुरशी वाढवा असा संदर्भ लिहितात. जमिनीत बुरशीचे जिवाणू खत टाका असा याचा अर्थ होत नाही, तर जमिनीत बुरशीचे खाद्य द्या, म्हणजे बुरशी वाढेल. बुरशीचे खाद्य म्हणजे कुजण्यास जड असणारा काष्ठमय पदार्थ.

मी खोडवे व मुळांचे जाळे तसेच ठेवून शून्य मशागतीवर भात पिकवतो, त्या वेळी पावसाळ्यात वरंब्यावरील खोडकीतून कावळ्याच्या छत्र्या (भूछत्र किंवा अळिंबी) उगवतात. जमिनीवर अळिंबी दिसणे म्हणजे जमिनीखाली बुरशीची जाळी खोडवे कुजविण्याच्या कामात वाढत आहे, असा याचा सरळ अर्थ आहे. बुरशीच्या 'बेसिडिओमायसिट्स' गटात वाढीनंतर अशी भूछत्रे येतात. भूछत्रांना शास्त्रीय भाषेत 'बेसिडिओस्फअर' असे म्हणतात. म्हणजे धान्य पिकात जशी कणसे येतात, तशी ही भूछत्रे येतात. कचरा पडलेल्या ठिकाणी पावसाळ्यात ती दिसतील. ती शेतात दिसल्यास जमिनीच्या सुपीकतेचे लक्षण मानावे. प्रयोगशाळेतील कृत्रिम

माध्यमात या गटातील बुरशी वाढवता येत नसल्याने त्याचे जिवाणू खत करता येत नाही. कोकणात काही आंबा उत्पादक शेतकरी झाडाभोवती आळे करून पावसाळ्यापूर्वी ते झाडांच्या तोडलेल्या फांद्यांनी भरतात. यातून मोठ्या प्रमाणावर काष्ठमय पदार्थ रानात जातो. त्याचा फायदा होतो.

नांगरणीशिवाय शेती व रोटाव्हेटरने नांगरणी केलेली शेती यांमधील फरक :

आपल्याकडील अनेक शेतकरी कापूस अगर तूर काढणीनंतर संपूर्ण पिकातच रोटाव्हेटर चालवून संपूर्ण पिकाचेच लहान-मोठे तुकडे करून जमिनीत गाडून टाकतात. ऊस पट्ट्यात अनेक शेतकरी पीक तुटल्यानंतर पाल्यासह अगर पाला जाळून रोटाव्हेटरने जमीन नांगरतात. यात खोडके, मुळाचा व पाल्याचा चुरा होऊन तो संपूर्ण मातीत मिसळला जातो. इथे संपूर्ण जैवभार जमिनीला परत गेल्याने पुढे त्याचे मोठ्या प्रमाणावर खत होऊन जमीन सुपीक व्हावी, हा हेतू असतो.

नांगरणीशिवाय केलेली शेती व रोटाव्हेटरने नांगरणी करून केलेली शेती या दोन्ही प्रकारांत पदार्थ जमिनीत कुजण्यामध्ये बराच फरक आहे. संपूर्ण पिकाचे अगर जमिनीखालील उर्वरित भागाचे तुकडे झाल्यानंतर पुढील अनुकूल परिस्थितीत कुजवणाऱ्या जिवाणूंना मोडलेल्या भागातून आत प्रवेश करणे सुलभ झाल्यामुळे एकाच वेळी संपूर्ण जमिनीत कुजण्याची क्रिया खूप वेगाने सुरू होते. सूक्ष्मजीवशास्त्राचा असा एक सिद्धांत आहे, की जमिनीखाली जर कुजण्याची क्रिया चालू झाली तर कुजवणारे जिवाणू सेंद्रिय पदार्थातील अन्नद्रव्याबरोबर त्या परिसरातील संपूर्ण उपलब्ध अन्नद्रव्ये स्वतः च्या वाढीसाठी वापरतात. त्या परिसरात एखाद्या पिकाची मुळे जर वाढत असतील, तर उपलब्ध अन्नद्रव्याबाबत पीक व जिवाणू यात स्पर्धा लागते. या स्पर्धेत जिवाणू कधीच हार मानत नाहीत.

जोवर कुजण्याची क्रिया चालू आहे, तोवर पिकाच्या मुळांना अन्नद्रव्ये न मिळाल्याने पिकाची उपासमार होते. कुजण्याची क्रिया पूर्ण झाल्यानंतर तयार होणाऱ्या खतातील अन्नद्रव्ये मग पिकाला उपलब्ध होऊ शकतात. रोटाव्हेटर मारून बारीक तुकडे मातीत मिसळलेल्या जमिनीत जर अल्पमुदतीचे हंगामी पीक घेतले, तर सुरुवातीच्या काळातील उपासमार झाल्याने या पिकाचे भवितव्य धोक्यात येऊ शकते. कुजण्याची क्रिया संपेपर्यंत या पिकांचा वाढीचा काळ संपून जातो. कापूस अगर तूर यासारख्या दीर्घ मुदतीच्या पिकांत सुरुवातीच्या काळात वाढ सावकाश असते. मोठ्या वाढीच्या काळापर्यंत कुजण्याची क्रिया बऱ्यापैकी संपत आल्याने हंगामी पिकाच्या तुलनेत दीर्घ मुदतीच्या पिकावर उपासमारीचे संकट कमी संभवते. आता अनेक शेतकऱ्यांनी रोटाव्हेटर मारून मशागत करून पिकाची पेरणी केली असेल, त्यांनी वरील संभाव्य परिणामाबाबत आपल्या पिकातील निरीक्षणे नोंदवावीत.

रोटाव्हेटर हे अवजार ट्रॅक्टरच्या पी.टी.ओ. शाफ्टला जोडून फिरवले जाते. हे अवजार पीक व जमिनीत फिरवत असता, फाळाने ओढणाच्या अवजाराच्या तुलनेत ट्रॅक्टरला जास्त शक्ती खर्च करावी लागते. बहुतेक वेळा हे काम ३५ ऐवजी ५०-६० अश्वशक्तीच्या मोठ्या ट्रॅक्टरकडून करून घ्यावे लागते. एका फेरीत मशागत पूर्ण होत नाही. दोन-तीन वेळा अवजार फिरवावे लागते. या कामात डिझेलचा वापर भरपूर वाढतो. ट्रॅक्टरची टायरची झीज, मोडतोड भरपूर वाढते. खनिज इंधन मोठ्या प्रमाणात जाळण्याने पर्यावरणाचे प्रश्न निर्माण होतात.

जमिनीतच सेंद्रिय पदार्थ जावा या उद्देशाने एक प्रश्न सोडवत असता, इतर अनेक प्रश्न आपण निर्माण करतो. ज्यांना जमिनीवरील पिकाचे तुकडे करावयाचे आहेत, त्यांनी रोटोव्हेटर जमिनीला न चिकटवता उचलून वरून फक्त पिकातून रोटाव्हेटर मारून पिकाच्या होणाऱ्या तुकड्याचे जमिनीवर आच्छादन करावे. हे काम कमी शक्तीत व वेळेत होईल. पॉवर टिलर फक्त जमिनीवर चालवून मी झेंडू अगर ढबू मिरचीचे अवशेष आच्छादन करतो. जळण ही समाजाची मोठी गरज असल्याने या कामानंतर पुढे वाळलेले पिकाचे बुडखे जळणासाठी गोळा होण्याचा धोका हा प्रश्न शिल्लक राहतो. किमान जमिनीखालील भाग व मुळांचे जाळे यांना धक्का न लावता वरील भागापैकी बुडखा काही प्रमाणात वेचला गेल्यास त्यातल्या त्यात समाधान मानावे. वरील काम एका फेरीत पूर्ण होते.

सेंद्रिय कर्बाचे महत्त्व

जमिनीत दोन प्रकारचे सेंद्रिय कण असतात. ते म्हणजे संपून जाणारे सेंद्रिय कण आणि टिकाऊ सेंद्रिय कण. सेल्युलोजयुक्त, तसेच काही प्रमाणात हेमी सेल्युलोजयुक्त हलक्या तंतूंतून संपून जाणारा सेंद्रिय कर्ब तयार होतो. आज आपण जो वापरत आहोत (शेणखत, कंपोस्ट), तो सर्व या गटातील आहे. जमिनीत वापरल्यानंतर पिकाची गरज असो अगर नसो; जास्त तापमानामुळे सतत विघटन पावल्याने हा सेंद्रिय कर्ब लवकर संपून जातो. ज्या वेगाने तो संपतो, त्या वेगाने आपण जमिनीला तो परत करू शकत नाही, अशी त्याची अवस्था आहे. यामुळे याचे परिणाम तात्पुरते, एखाद्या पिकापुरते असतात. कुजण्यास जड असणारे हेमी सेल्युलोज व प्रामुख्याने लिग्निन तंतुयुक्त पदार्थ कुजवून तयार झालेल्या खतातून टिकाऊ सेंद्रिय कर्ब जमिनीला मिळतो. हा कर्ब जमिनीला शाश्वत सुपीकता देत असतो. एखाद्या वर्षी संपून जाणाऱ्या कर्बाची टंचाई निर्माण झाली, तर या कर्बाचे विघटन होऊन (रिझर्व्ह साठा) तूट भरून काढली जाऊ शकते. आता आपण हंगामी साठा व आरक्षित साठा दोन्हीही संपवत आणला आहे. गेली शेकडो वर्षे या टिकून राहणाऱ्या कर्बाबाबत आपण कधी विचारच केलेला नाही.

शास्त्रज्ञ काय सांगतात?

डॉ. एफ. जे. स्टिव्हन्सन आपल्या 'ह्यूमस केमिस्ट्री' या पुस्तकात म्हणतात, 'तुम्हाला जमिनीची सुपीकता पाहिजे असल्यास जमिनीत बुरशी वाढवा. जमिनीत बुरशी वाढवण्यासाठी बुरशीचे खाद्य असणे गरजेचे आहे. कुजण्यास जड असणारे पदार्थ बुरशी कुजवून त्याचे खत करतात. ते बुरशीचे खाद्य आहे. मग हे खाद्य कोणत्याही पिकाच्या बुडखा व मुळांच्या जाळ्यातूनच आपल्याला मिळू शकते.' आपण नेमका हाच भाग व्यर्थ दवडतो. 'एक काडातून क्रांती' या पुस्तकात फुकुओका सांगतात, 'जमिनीची सुपीकता वाढवण्यासाठी जमिनीला लाकडे द्या.' आता लाकडांच्या वखारीतून आणून अगर जंगले तोडून आणून लाकडे जमिनीला द्या, असा याचा अर्थ नाही. काष्ठमय (लिग्निनयुक्त) पदार्थ जमिनीला द्या, असा याचा अर्थ आहे.

मात्र, वास्तवात आपली वाटचाल नेमकी कोणत्या दिशेने चालू आहे, याचा अभ्यास करू या. आपली सेंद्रिय पदार्थांवरील सर्व भिस्त शेणखत, कंपोस्टवर आहे. जनावरांचे काम यंत्रे करू लागल्याने व मनुष्यबळ टंचाईमुळे हे काम दिवसेंदिवस अवघड बनत जाणार आहे. याला हलक्या तंतूंपासून मिळणारे हे खत कमी उपयुक्ततेचे असल्याची जोड मिळते.

पशुपालनातून जमिनीची सुपीकता हा अनेकांच्या भावनिक दृष्टिकोनातून तयार झालेला विचार कालबाह्य होत जाणार आहे, ही कडू गोळी आज तोंडात टाकणे अवघड वाटत असले, तरी हे वास्तव स्वीकारावेच लागेल. बगॅससारखा पदार्थ साखर कारखाने औद्योगिक इंधन म्हणून विकण्यात धन्यता बाळगत होते. आता सहवीजनिर्मितीची लाट सर्वत्र येत आहे. अनेक साखर कारखाने प्रेसमडपासून सेंद्रिय खत तयार करून विकतात. स्पेंटवॉशसारखा अवघड पदार्थ त्यात खपून जातो; पण लिग्निनयुक्त बगॅस जमिनीच्या सुपीकतेसाठी त्यात मिसळावा अशी चर्चा कोठेही नाही. द्राक्ष, डाळिंबासह अनेक फळबागांच्या छाटण्यांत मोठ्या प्रमाणावर काष्ठमय पदार्थ मिळतात. त्याचा प्रामुख्याने जळण म्हणूनच वापर केला जातो. कापूस, तुरीच्या पराट्या जळण म्हणून वापरून संपणार नाहीत इतक्या असतात. त्याचे नेमके काय करावे, असा प्रश्न अनेकांच्या पुढे असतो. यातून सहवीजनिर्मिती करणारे कारखाने आता हा प्रश्न संपवतील.

पावसाळ्याच्या सुरुवातीला सर्वत्र धसकटे गोळा करण्याचे काम जोरात चालू असते. कोणत्याही पिकाचा बुडख्याकडील २०-२५ सें.मी.चा भाग व मुळे त्या पिकाचा डोलारा आयुष्याच्या अखेरपर्यंत पेलत असल्याने निसर्गाने या भागाला लिग्निनच्या माध्यमातून सर्वांत जास्त शक्ती दिलेली असते. जमीन नांगरली, तर पिकाचे हे उर्वरित भाग पुढील कामाला मोठ्या प्रमाणात अडथळे निर्माण करतात, हे मान्य करावेच लागेल. अशा परिस्थितीत हे पदार्थ जमिनीत खतरूपाने मिसळून जमीन सुपीक करण्याचा पर्याय म्हणजे नांगरणीशिवाय शेती हाच एकमेव पर्याय होय. एकदा नांगरणी बंद करावयाची असे निश्चित केल्यास, प्रत्येक पिकासाठी प्रत्येक विभागात तंत्रे विकसित होऊ शकतात. थोड्या क्षेत्रावर प्रयोगाला सुरुवात करून, येणाऱ्या अडचणींचा अभ्यास करून अशी तंत्रे विकसित करण्याच्या प्रयोगाला प्रयोगशील शेतकऱ्यांनी सुरुवात करावी. यामध्ये भरपूर अडचणी येणार आहेत; पण शोध घेतला तर मार्गही सापडणारच आहेत.

बांगलादेशात शून्य मशागत तंत्रज्ञानाचा अवलंब सुरू झाला आहे.

प्रकरण ७

प्रयोग शून्य मशागतीचे

भात, गहू यांसारख्या पिकाची कापणी जमिनीलगत न करता १५-२० सें.मी. वरून केली जाते. भातानंतर परत ऊस लावत असताना, फक्त सरीच्या तळात एक तास मारून लावण केली तर यामुळे भाताचे बुडखे व मुळांची जाळी जागेला कुजते.

खोडवे व मुळाचे जाळे तसेच जागेला कुजत ठेवून शून्य मशागतीवर घेतलेल्या भात अगर इतर हंगामी पिकात कधीच सूक्ष्मजीवशास्त्रीय सिद्धांताचा दुष्परिणाम जाणवला नाही. कित्येक वर्षे हे माझ्यापुढे एक कोडे होते. इथे पिकाची उपासमार होत नाही. उलट पिकाची वाढ जास्त चांगली होते. शून्य मशागतीवरील सिद्धांत इथे खोटा ठरतो का? माझे शून्य मशागतीचे तंत्र विद्यापीठातील अनेक शास्त्रज्ञांपुढे मांडल्यानंतर या सिद्धांताची ढाल पुढे करून बहुतेकांनी पुढील काही ऐकण्याचे सौजन्य दाखविले नाही.

शून्य मशागतीत जमिनीखाली अवशेष कोणताही धक्का न लागता ते तसेच राहतात. बुडखा व मुळावर जे साल असते, त्यात एकूण अवशेषाच्या तुलनेत जास्त लांब साखळीचे लिग्निन तंतूचे पदार्थ मोठ्या प्रमाणावर असल्याने कुजविणाऱ्या जिवाणूंना सहजासहजी आत प्रवेश मिळत नाही. कुजण्याची क्रिया अतिशय मंद गतीने चालते. या क्रियेत पिकांची मुळे व कुजण्याच्या क्रियेतील जिवाणू यांच्या स्पर्धेचा त्रास पिकाला होत नाही. यामुळे पिकाची वाढ व्यवस्थित चालू राहते. रोटाव्हेटर मारून सालीचे अभेद्य कवच मोडून आपण कुजण्याच्या क्रियेचा वेग प्रचंड वाढवतो. कुजण्याची क्रिया जलद होऊन लवकरात लवकर त्याचे खत तयार होऊन त्याचा त्याच पिकाला लाभ व्हावा अशी अनेक शेतकऱ्यांची अपेक्षा असते. कुजण्याची क्रिया मंद गतीने चालण्यातच शेतकऱ्यांचा फायदा आहे. पूर्वमशागत उत्तमच झाली पाहिजे, पण ती यंत्राने नको; तर निसर्गाचा नांगर चालवा. सूक्ष्मजीवांना या कामाला जुंपा व ते कसे काम करतात, त्यांची किमया फक्त पाहत राहा. सेंद्रिय पदार्थांचे कुजणे ही पीक शास्त्रातील

अभ्यास करण्यासारखी बाब आहे.

जनावरांची कामे यंत्रे करू लागल्याने पशुपालनाचे महत्त्व कमी झाले. मोठ्या शेतकऱ्याकडे सहज ५०-१०० जनावरे असत. आज पाच-दहा सुद्धा ठेवणे मुश्कील झाले आहे. मनुष्यबळ टंचाई हेही यामागील एक प्रमुख कारण आहे. पशुपालन करणे, शेणखत वाहतूक करणे व ते शेतात मिसळणे हे काम इतके अवघड बनत चालले आहे. अनेकांच्या जवळ शेणखतांचे ढीग आहेत, पण ते उचलून शेतात नेऊन मिसळणे शक्य झालेले नाही. शेणखत, कंपोस्टच्या वापरामुळे उत्पादन चांगले मिळते हे मलाही माहीत आहे; परंतु महागडे दर, व्यवस्थापनातील त्रुटी व सूक्ष्मजीवशास्त्राने या तंत्रात दाखवलेल्या त्रुटी यामुळे भावी काळात सेंद्रिय खतासाठी या एकाच तंत्रात शेतकऱ्यांनी अडकून पडू नये. जमिनीतील सेंद्रिय पदार्थ वाढवण्यासाठी अनेक पर्याय उपलब्ध आहेत.

प्रयोगाचे अनुभव :

मी १९९०पासून धसकटे गोळा करणे बंद केले. उसाचा पाला जाळणे बंद केले, तो आच्छादन रूपात त्याचे तुकडे वगैरे न करता जसा मिळतो, तसाच पीक वाढत असता तेथेच आच्छादनात कुजवण्याचे तंत्र विकसित केले. फेरपालटाचे पीक घेत असता, खोडवे काढणे किंवा नांगरणी ही कामे बंद केली. पाणी पाजण्यासाठी व आधार देण्यासाठी लावण केली, बैलांकडून फक्त भरणी (खांदणी) केली जाते. तीन वर्षांत इतकीच जमिनीची हलवाहलव केली जाते.

सरीत खोडवा राखण्याच्या वेळी लावणीच्या उसात टाकलेला पाचटाचा थर अर्धवट कुजलेल्या अवस्थेत असतो. खोडव्याची भरणी केल्यास एकाच पाण्यात तो जमिनीतून दिसेनासा होतो, असे योग्य नाही. असे वाटल्याने खोडव्यात आता मशागत करत नाही. उसाचे खोडकी व मुळांचे जाळे तसेच जागेला कुजू दिल्याने जर फायदा होत असेल तर बाकी सर्व पिकासाठीही हाच नियम कसा वापरता येईल, यावर सतत चिंतन सुरू आहे.

भात, गहू यांसारख्या पिकांची कापणी जमिनीलगत न करता १५-२० सें.मी. वरून केली जाते. भातानंतर परत ऊस लावत असता, फक्त सरीच्या तळात एक तास मारून लावण केली जाते. यामुळे भाताचे बुडखे व मुळांची जाळी आहे तशीच जागेला कुजते.

फेरपालटाचे क्षेत्र लवकर रिकामे झाल्यास उसानंतर गहू घेता येतो. खोडवे व नांगरता टोकण पद्धतीने गहू घेतो. गव्हानंतर खरीप पिकासाठी मशागत न करता गव्हाचे अवशेष, उसाचे अवशेष तसेच ठेवून पुढील भात अगर कोणत्याही पिकाची टोकण करतो. गव्हाचे अवशेष जागेलाच कुजतात.

झेंडू, मिरची ही पिके संपल्यानंतर पूर्वी ती उपटून रानाबाहेर टाकली जात होती. आता ती उपटून शेजारच्या पिकात नेऊन आच्छादनात टाकली. उपटणे व नेऊन टाकण्यातील खर्च व मनुष्यबळ वाचवण्यासाठी आता पॉवर टिलर फक्त जमिनीला न लावता पिकात फिरवतो; त्या पिकाचे तुकडे होऊन त्याचे आच्छादन जमिनीवर पडते. जमिनीखालील अवशेष तसेच त्याच जागी कुजतात.

बांधावरील वाढणारी झाडे बेणावी लागतात आता त्यातील जळणयोग्य भाग बाजूला काढून पाने व लहान फांद्या उसात आच्छादनात टाकल्या जातात. २० वर्षांच्या वाटचालीत सेंद्रिय पदार्थ शेणखत कंपोस्टशिवाय अशा प्रकारे वाढवत नेला. केवळ जमिनीची मशागत बंद केल्याने जमिनीतील सेंद्रिय पदार्थांची टक्केवारी वाढते असे संदर्भ मिळतात. इथे टक्केवारी वाढत नसून, असलेला सेंद्रिय पदार्थ सावकाश दीर्घकाळ वापरला जातो. .

सन १९७०पासून शेती करताना रानातील तणाकडे मी सतत शत्रुत्वाच्या नात्यानेच पाहत होतो; परंतु आता २००९पासून तण हे शेतातील एक संसाधन मानून त्याच्याशी मित्रत्वाचे नाते जोडण्याचा प्रयत्न चालू आहे. याविषयी आपण पुढील प्रकरणात माहिती घेणार आहोत.

शून्य मशागतीवर केलेली भाताची टोकण.

प्रकरण ८

सुपीकता समजून घ्या

जमिनीची सुपीकता वाढणे म्हणजे फक्त सेंद्रिय कर्बाच्या पातळीत वाढ होणे अगर टिकाऊ स्वरूपाचा सेंद्रिय कर्ब जमिनीला मिळणे इतकाच या तंत्राचा मर्यादित अर्थ नाही. जमिनीच्या सुपीकतेच्या बहुतेक सर्व गुणधर्मांशी याचा थेट संबंध आहे.

सन १९७०-७५ च्या दरम्यान 'नेचर अँड प्रॉपर्टीज ऑफ साईल' (लेखक- बकमन आणि ब्रॅडी) हे पुस्तक वाचनात आले होते. त्या पुस्तकात असे लिहिले होते, की एखादे पीक कापल्यानंतर त्याचा जमिनीत राहणारा भाग तेथेच विलीन झाला, तर त्या जमिनीची सुपीकता टिकून राहू शकते. एखाद्या पिकाचे भरघोस उत्पादन घेतले तर उरलेला भाग जास्त प्रमाणात जमिनीत परत जाऊन सुपीकतेसाठी त्याचा फायदा होतो. अशा परिस्थितीत बाहेरून कंपोस्ट खत टाकण्याची गरज नसते. त्या काळात शेतीत नव्याने प्रवेश केलेल्या मला उर्वरित भाग जमिनीत कसे मुरवायचे याचे तंत्र माहीत नव्हते. उत्पादनपातळी चांगली होती. जमिनीची चांगली मशागत व धसकटे, काडीकचरा गोळा करून शेती करत होतो. वरील संदर्भातून मी शेणखत, कंपोस्टचा वापर बंद केला. उत्पादन पातळी कोसळली. त्यामुळे वरील संदर्भ चुकीचा वाटला. उत्पादनाची घटणारी पातळी लक्षात घेऊन परत सेंद्रिय खत वापर परत सुरू केला; परंतु आज वरील संदर्भ बरोबर असल्याचे जाणवते. नांगरणी बंद केल्यामुळे जमिनीची सुपीकता वाढते यावर बहुतांश शेतकऱ्यांचा विश्वास बसण्यात माझ्याप्रमाणे ३० ते ३५ वर्षांचा कालावधी जाऊ नये यासाठी हा सर्व प्रयत्न आहे. जमिनीची सुपीकता वाढणे म्हणजे फक्त सेंद्रिय कर्बाच्या पातळीत वाढ होणे अगर टिकाऊ स्वरूपाचा सेंद्रिय कर्ब जमिनीला मिळणे इतका या तंत्राचा मर्यादित अर्थ नाही. जमिनीच्या सुपीकतेच्या बहुतेक सर्व गुणधर्मांशी याचा थेट संबंध आहे.

जमिनीचा अभ्यास महत्त्वाचा :

सामू : आज सर्वत्र जमिनीचा सामू वाढत चाललेला

दिसून येतो. सेंद्रिय पदार्थ (धसकटे व मुळे) जागेलाच कुजत असता निर्माण होणाऱ्या आम्लामुळे सामू मूळ पदावर येण्यास मदत होते. यासाठी रसायने वापरणे ही तात्पुरती मलमपट्टी आहे. हा फुकटचा उपाय पर्यावरणाशी निगडित आहे.

निचराशक्ती : निचराशक्ती वाढण्याशी नांगरणीशिवाय शेतीच्या अनेक बाबींचा संबंध आहे. पीक कापणीनंतर अवशेष मेल्यानंतर मुळे वाळत जातील तशी त्यांची जाडी कमी होऊन खोलवर पोकळ्या तयार होतात, यातून पाण्याचा निचरा होतो. अवशेष कुजत असताना निर्माण होणाऱ्या डिंकामुळे जमिनीची दाणेदार कणरचना तयार होते. काष्ठमय पदार्थांच्या कुजण्यातून तयार झालेली कण रचना पाण्यात टिकाऊ असते. यातून वाढणाऱ्या निचरा शक्तीबाबत यापूर्वी अभ्यास झाला आहे.

क्षारता : कुजण्यातून निर्माण होणाऱ्या सेंद्रिय आम्लामुळे जमिनीतील क्षारांचे विघटन होते. क्षाराचे विघटन झाल्याने जमिनीचे शुद्धीकरण होते.

उत्पादनाची प्रत : चांगले कुजलेले खत वापरल्याने सेंद्रिय आम्ले जमिनीबाहेर तयार होतात आणि तेथेच संपून जातात. जमिनीची क्षारता हळूहळू वाढते, शुद्धीकरणाला वाव राहत नाही. पिकांना अन्नशोषणाबरोबर काही प्रमाणात क्षारही शोषण करावे लागत असावेत. असे झाल्यास एखाद्या पिकाची मूळ चव, स्वाद, सुगंध लुप्त होतो. उत्पादनाची प्रत खालावते. आता सर्वत्र अशीच परिस्थिती निर्माण झालेली आहे. नांगरणीशिवाय शेतीसाठी सेंद्रिय पदार्थ जागेलाच कुजल्याने उत्पादनाची मूळ चव, स्वाद, सुगंध परत आणता येतो असा अनुभव आहे. याबाबत जमिनीत नेमक्या कोणत्या जैव-रासायनिक क्रिया घडतात, यासंबंधी उपलब्ध साहित्यात कोठे संदर्भ मिळत नाहीत. यावर संशोधन व्हायला हवे.

रासायनिक खत व्यवस्थापन :

रासायनिक खते दिल्यानंतर त्यातील अन्नांशाचे पिकाने शोषण करण्यापूर्वी जमिनीत त्यावर काय काय प्रक्रिया घडतात याविषयी फारशी चर्चा कोठे ऐकावयास मिळत नाही. जमिनीतील सूक्ष्म जीवांनी काही प्रक्रिया केल्याशिवाय रासायनिक खतातील अन्नांश पिकापर्यंत पोचू शकत नाहीत असा अभ्यास सूक्ष्मजीवशास्त्रात होतो. सेंद्रिय पदार्थ कुजण्याच्या प्रक्रियेतील जिवाणू या प्रक्रियेत भाग घेतात. यामुळे सेंद्रिय पदार्थ जागेलाच सतत कुजत राहिल्यास रासायनिक खतांची कार्यक्षमता वाढते असा माझा अनुभव आहे. सूक्ष्म जीवशास्त्रात रासायनिक खतातील अन्नांश जमिनीत साठवले जाणे (स्थिरीकरण) या प्रक्रियेतून होणाऱ्या व्यवस्थापनाचे संदर्भ मिळतात. काष्ठमय पदार्थ कुजत असता उपलब्ध होत असणाऱ्या जादा ऊर्जेच्या वापरातून रासायनिक खतांची कार्यक्षमता वाढते असा माझा अनुभव आहे.

हरितक्रांतीच्या सुरुवातीच्या काळात शिफारशीप्रमाणे खतांचे हप्ते दिल्याने शेतकऱ्यांना भरघोस उत्पादन मिळत होते. पुढे ते घटत गेले. यावर उपाय म्हणून शेतकऱ्यांनी खतांचे हप्ते वाढवत नेले. आज सर्वत्र शिफारशीपेक्षा दुप्पट, अडीचपट खतांचा वापर चालू आहे व तरीही उत्पादन पातळी खालावत चालली आहे. आपल्याला रासायनिक खते आयात करावी लागतात. विना नांगरणी न केल्याने आपण खतांची कार्यक्षमता भरपूर वाढवू शकतो इतके मी शेतकऱ्यांना खात्रीपूर्वक सांगू इच्छितो. वरील सर्व समस्यांवर काही प्रमाणात मात करण्याचा कोणताही जादा खर्च नसलेला हा मार्ग आहे.

भात कापणीनंतर गरजेपुरत्या मशागतीवर केलेली उसाची लागण. या शेतामध्ये जुन्या खोडव्याचे व भाताचे उरलेले भाग जागेवर कुजत आहेत.

प्रकरण ९

तणांविषयी सकारात्मक दृष्टिकोन

शेतातील तणांचा संपूर्ण नायनाट करणे, शेत स्वच्छ ठेवणे, शेतात फक्त पिकाच्या ओळीच दिसल्या पाहिजेत, अशा प्रचलित विचारांपासून दूर जाऊन भावी काळात तणाबरोबर मैत्री करून तणाकडे सकारात्मक दृष्टीने पाहण्यास सुरुवात करण्याने तण हे शेतीतील एक महत्त्वाचे संसाधन आहे, अशा निर्णयाप्रत आपण येऊ शकतो.

शेती करण्यास सुरुवात झाली त्या काळापासून तणांचा नाश करण्याचे काम सुरू असावे. पीक पेरल्यानंतर पिकाबरोबर तणेही उगवतात. पिकापेक्षा झपाट्याने ती वाढतात. पिकाबरोबर सूर्यप्रकाश, पाणी, उपलब्ध अन्नद्रव्ये याबाबत स्पर्धा झाल्याने पिकाचे उत्पादन घटते. तण आणि शेतकरी यांच्यात अनादी काळापासून एक प्रकारे युद्धच चालू आहे. शेतकरी निंदणी करतात. तणांच्या नाशासाठी अनेक मार्ग अवलंबतात, तरीही या युद्धाचा शेवट होत नाही. आजपर्यंत शेतकऱ्यांचा शत्रू म्हणूनच तणाकडे पाहण्याचा दृष्टिकोण आहे.

'तणे व तणनाशके प्रशिक्षण कार्यक्रम' अशा एका शिबिरात मार्गदर्शक पत्रिका वाटली गेली. त्यात तणांची व्याख्या पुढीलप्रमाणे करण्यात आली आहे : 'तण म्हणजे नको त्या ठिकाणी वाढणारी, पिकाच्या उपलब्ध अन्नद्रव्यात भागीदारी करणारी, पिकाबरोबर स्पर्धा करणारी नको असलेली वनस्पती.' सर्वसाधारण तणाकडे पाहण्याचा दृष्टिकोन असाच आहे.

तणामुळे पिकाचे ३०-४०%पर्यंत नुकसान होऊ शकते. तणनियंत्रण करण्याच्या अनेक पद्धती शेतकऱ्यांनी व शास्त्रज्ञांनी विकसित केल्या आहेत. शेत नांगरण्यामागे तणांचा नाश करणे हे एक उद्दिष्ट असते. कोळपणी, हातभांगलणी अगर निंदणी ही कामे पूर्वापार चालत आलेली आहेत. रसायनाकडून तणांचा नाश करणे हा गेल्या ३०-३५ वर्षांत

देशात सुरू झालेला नवीन प्रकार, काहीसा सुलभ वाटल्याने या तंत्राचा प्रसार सार्वत्रिक झाला आहे. मनुष्यबळाची टंचाई हा ज्वलंत प्रश्न असून त्याची तीव्रता दिवसेंदिवस वाढत जाणार आहे. अशा परिस्थितीत तणनाशकांचा वापर प्रचंड वेगाने वाढत आहे. तणनाशकांचा व्यापार पूर्वी नगण्य होता. आज पीक संरक्षण रसायनाच्या कित्येक पटीनी जास्त तणनाशके खपतात. विदर्भातील एका जिल्ह्याच्या तालुक्याच्या ठिकाणी असणाऱ्या पाच-सहा दुकानांपैकी माझ्या माहितीतील एका दुकानात सन २०१०च्या पावसाळ्यात १.२५ कोटी रुपयांची तणनाशकांची विक्री झाल्याची माहिती मिळाली. तणनाशाच्या कामाची व्याप्ती आजमावण्यास हे एक उदाहरण पुरेसे आहे. तणांचा संपूर्ण नायनाट करणे, शेत स्वच्छ ठेवणे, शेतात फक्त पिकाच्या ओळीच दिसल्या पाहिजेत, अशा प्रचलित विचारांपासून दूर जाऊन भावी काळात तणाबरोबर मैत्री करून तणाकडे सकारात्मक दृष्टीने पाहण्यास सुरुवात केल्यास तणे हे शेतीतील एक महत्त्वाचे संसाधन आहे, अशा निर्णयाप्रत आपण येऊ शकतो.

पाच ते दहा वर्षांपूर्वी माझे एक सेंद्रिय शेतीमित्र म्हणाले, ''तणांकडे मित्रत्वाच्या भावनेने पाहण्यास सुरुवात करा.'' या विषयावर त्यांचा व माझा वाद झाला. मागील दोन-तीन वर्षांपासून माझा तणाकडे पाहण्याचा दृष्टिकोन पूर्णपणे बदलला आहे. जसजसा 'तण' या विषयावर मी चिंतन करू लागलो, तसतसे तणाकडून शेतीचा फायदा करून घेण्याचे अनेक मार्ग मला दिसू लागले. आज हे सर्व प्रायोगिक स्वरूपात आहेत. शेतकऱ्यांनी या बाजूने विचार करण्यास सुरुवात करावी, या दृष्टीने प्रत्यक्ष शेतात गेली तीन वर्षे काम सुरू आहे.

तणनियंत्रणातून उत्पन्न मिळाले पाहिजे :

निंदणी अगर भांगलणी करणे हे शेतीतील सर्वांत जास्त वेळ खाणारे, मनुष्य बळ लागणारे व एकूण खर्चातील मोठा वाटा उचलणारे काम आहे. आज या कामावर झालेला खर्च (मनुष्य, यंत्र अगर तणनाशकाकडून) हा पिकाच्या जमाखर्चात पूर्णपणे खर्च या बाजूला पडतो. या कामातून शेतकऱ्याला कोणतेच उत्पन्न नसते. तणाची पिकाशी होणारी स्पर्धा टाळावी व पिकाचे उत्पादन जास्त मिळावे या फायद्यासाठी तणनाशकाचा खर्च शेतकरी करत असतो.

तणनियंत्रणाच्या कामातून शेतकऱ्यांना काहीतरी उत्पन्न मिळाले पाहिजे. तणांचा नाश करणे हे काम शेतकऱ्याला फुकटात पडून वर त्यातून त्याला फायदाच मिळाला पाहिजे. हे कसे शक्य आहे याविषयी पुढील प्रकरणात माहिती करून घेऊ या.

तणे आणि सेंद्रिय पदार्थांचे आच्छादन फायदेशीर असल्याचे दिसून आले आहे.

प्रकरण १०

तणांचे व्यवस्थापन

जमीन संपूर्ण नांगरली असेल तर मोठा पाऊस आल्यास धूप होऊन जमिनीची हानी होते. पेरणीनंतर पीक वाढत असताना आपण आंतरमशागत करतो. यावेळी मोठा पाऊस होऊन पाणी वाहते, त्यातून जमिनीची धूप होत असते. अशा वेळी उतारास काही अंतराने तणांचे आडवे पट्टे वाढवल्यास होणारी धूप रानातच जागोजागी तटवता येते.

पीकवाढीसाठी जमिनीत अन्नद्रव्ये योग्य प्रमाणात असणे गरजेचे असते. पिकाची अन्नद्रव्ये जमिनीत स्थिर साठ्यात साठवली जातात. वाढणाऱ्या पिकाच्या गरजेप्रमाणे स्थिर साठ्यातून उपलब्ध साठ्यात सूक्ष्मजीवाकडून अन्नद्रव्यांचे रूपांतर केले जाते. हे सूक्ष्मजीव आपले कार्य हवेच्या सान्निध्यातच करू शकतात. या व्यतिरिक्त मुळांना श्वासोच्छवासासाठी हवेची गरज असते. चिबड जमिनीमध्ये हवा नसल्याने वरील दोन्ही कामे थंडावतात. पिकाची योग्य प्रकारे वाढ होऊ शकत नाही. जमिनीमध्ये तणांची मुळे तणे मारून जर तशीच राहू दिली तर ती वाळतात मोठ्या प्रमाणावर हवेच्या पोकळ्या तयार होतात. नांगरून सर्वच जमीन पोकळ होते ही अवस्था पीकवाढीसाठी योग्य नसते. मातीचे कण बऱ्यापैकी दबलेले असताना मातीत अधूनमधून असलेल्या अशा पोकळ्या हवा योग्य प्रमाणात राखण्यास मदत करतात. मातीत हालचाल झाली नाही अगर वरून दाब पडला नाही, तर या पोकळ्या टिकून राहून बराच काळ सेवा देतात. शून्य मशागत पद्धतीत जमिनीत हवेचा योग्य पुरवठा ठेवण्यासाठी हा मार्ग उपयोगी आहे.

तणांची खोलवर वाढलेली मुळे जशी वाळू लागतात तसे जादा पाणी निचरून जाण्याचे मार्ग तयार होतात. फक्त मातीच्या कणांच्या थरातून पाणी निचरून जाण्यास वेळ लागतो. त्या मानाने वाळलेली मुळे व त्यांच्या लगतच्या पोकळ्यांतून पाणी जास्त वेगाने निचरून जाऊ शकते. पिकाची कार्यक्षम मुळे दोन तास पाण्यात बुडून राहिली तर

मरून जातात. यासाठी अतिरिक्त पाण्याचा जलद निचरा होऊन लवकरात लवकर वाफसा येणे गरजेचे असते. नांगरलेले रान गरजेपेक्षा जास्त पाणी धरून ठेवते, तसेच पाणी निचरून जाण्याचे मार्गही मोडले जातात. मुख्य पिकाकडून असे मार्ग तयार होऊ शकत नाहीत. इथे तणाकडून काम करून घेणे योग्य ठरेल, असे वाटते.

हिरवळीच्या पिकांची लागवड करण्यासाठी ज्याप्रमाणे आपण एक हंगाम पीक बंद करून हिरवळीचे पीक म्हणून ताग किंवा धैंचा घेतो त्याचप्रमाणे एखाद्या पावसाळी हंगामात जमिनीत मोठ्या प्रमाणावर तणे वाढवावीत. तणांचे बी पक्व होण्यापूर्वी नांगरून, उपटून, गाडून अगर शिफारशीनुसार तणनाशक मारून तणांचा पाला जागेलाच मुरवावा. एक पट्टा पिकाचा व एक पट्टा तणांचा वाढवावा. तणांची जास्तीत जास्त वाढ करून योग्य वेळी ती जागेलाच कापून टाकावीत. तणांचे व पिकाचे पट्टे दरवर्षी आलटूनपालटून वापरावेत. ताग अगर धैंचा अशा एकाच वनस्पतींचा वापर करण्यापेक्षा तणाकडून अगणित प्रकारचा पालापाचोळा मिळतो तो निश्चितच जास्त फायदेशीर ठरतो.

तणे उपटून अगर कापून नांगराच्या तासात गाडण्यापेक्षा पुढील पिकासाठी तयार करण्याची शेताची रचना अगोदरच करून घ्यावी आणि नंतर तणांचे व्यवस्थापन करावे. त्यानंतर शिफारशीत तणनाशक मारून सर्व तणे मारून टाकावीत. तणांचे वरील भागाचे आच्छादन होईल आणि खालील मुळांचा पसारा जसा आहे, तसाच कोणताही धक्का न लागता हळूहळू जमिनीत कुजत राहील. हे काम पुढील पीक पेरणीपूर्वी १०-२० दिवस अगोदर केल्यास पूर्वी रचना केलेल्या जमिनीवर कोणतीही पूर्वमशागत न करता पुढील पीक घेता येईल. वाढलेल्या तणांचा प्रादुर्भाव कमी करण्यासाठी शिफारस करण्यात आलेल्या तणनाशकाचा वापर योग्य मात्रेत करावा.

धूप टाळण्यासाठी तणांचा वापर :

जमीन संपूर्ण नांगरली आणि नंतर मोठा पाऊस लागल्यास धूप होऊन जमिनीची हानी होते. पेरणीनंतर पीक वाढत असता आपण आंतरमशागत करून जमीन स्वच्छ ठेवतो. या वेळी मोठा पाऊस होऊन पाणी वाहते. त्यातून जमिनीची धूप होत असते. उतारास काही अंतराने आडवे तणांचे पट्टे वाढवल्यास होणारी धूप रानातच जागोजागी तटवता येते. मोठ्या वाढलेल्या भात पिकात, अगर कोणत्याही पिकात रानातून बाहेर वाहून जाणाऱ्या पाण्याचे निरीक्षण केल्यास पाण्यात तरंगणाऱ्या अवस्थेत सेंद्रिय खतांचे कण वाहून जाताना दिसतात. रानाच्या कोपऱ्यातून पाणी बाहेर जाताना त्याला अटकाव करता येत नाही. हे पाणी जागोजागी अडवले गेले पाहिजे. यासाठी तणांचे पट्टे

तणाकडून जमिनीची नांगरणी

तणे अनेक प्रकारची असतात. द्विदल तणाची मुळे सोटमूळ प्रकारातील असून खोलवर जातात; तर एक दल तणांची मुळे तंतुमय वर्गातील असून त्यांचा विस्तार व संख्या मोठी असते. माठवर्गीय तणांची मुळे आपल्या जमिनीवरील वाढीच्या तुलनेत खूप खोलवर सोटमुळांची लांबी वाढवतात. काही गवतवर्गीय तणांची मुळे इतकी दणकट असतात की ती उपटताना भरपूर शक्ती खर्च करावी लागते. सर्वसाधारण भागलणी अगर निंदणी करण्याच्या प्रकारात आपण खुरप्याची टोच लावून तण मुळासकट उपटून काढतो व बाहेर टाकून देतो. पिकाच्या जवळील तणाबाबत हे ठीक आहे; परंतु सुरुवातीच्या काळात लांब अंतरावरील पिकात पिकाच्या जवळील भाग निंदणी करून स्वच्छ ठेवावा. लांब अंतरावरील तणे मुख्य पिकाला त्रास होणार नाही इतपत वाढवावीत. नंतर तणनाशकाने मारून टाकावीत. वरील भाग जमिनीवर कोलमडून पडेल त्याचे आच्छादन होईल. खाली मुळांचा भाग मेल्यानंतर हळूहळू वाळू लागेल व कुजू लागेल. सतत तणे उपटून काढण्यापेक्षा अशी मुळे जागेलाच ठेवून मारली तर तणांच्या मुळातून जमिनीची आपोआप नांगरणी होते. ती तणांची मुळे कुजून जमीन भुसभुशीत होते.अशी जमीन पुढील पिकाच्या पेरणीसाठी तयार असते. त्याची यंत्राने वेगळी मशागत करण्याची गरज नाही. पिकाचे पट्टे तणांच्या पट्टे पद्धतीने पुढील वर्षाच्या पिकासाठी मशागत करून ठेवता येते. तर लांब अंतरावरील पिकात सुरुवातीच्या काळात मधील जागेत या पद्धतीने आंतरमशागत करता येते.

तणव्यवस्थापनाचे अनुभव

सुपीक जमिनीत ५०% माती, २५% पाणी व २५% हवा असली पाहिजे असे सांगितले जाते. पिकाच्या मुळांना श्वासोच्छवास करण्यास हवा लागते. ती न मिळाल्यास पिकांची वाढ चांगली होत नाही. आपण नांगरून जमीन पोकळ करतो व हवेचे प्रमाण वाढवतो. कोळपणीतही जमिनीत हवा खेळती ठरवण्याचा एक उद्देश सांगितला जातो. पाऊस पडून व विविध कामांच्या हालचालीतून जमीन परत दबली जाऊन हवा कमी कमी होते. नांगरणीशिवाय शेतीत पिकाचे अवशेष जमिनीत तसेच राहतात, सुरुवातीला ते वाळत जातात व त्याचे आकारमान कमी कमी होत जाते. पुढे ते कुजत गेल्याने जमिनीत लहान मोठ्या पोकळ्या खोलवर आपोआप तयार होतात व जमिनीतील हवेचे व्यवस्थापन आपोआप सुधारते. पीक वाढीसाठी ही एक अत्यंत गरजेची बाब आहे. पिकाच्या मुळांनाच फक्त हवेची गरज असते, असे नाही. जमिनीत काम करणाऱ्या बहुतेक जिवाणूंना हवेची गरज असते. नांगरणीतून अशा पोकळ्या निर्माण करण्याची संधी आपण पैसे खर्च करून घालवतो.

हवेचे महत्त्व लक्षात आल्यानंतर आता मी तणेही शक्य तेथे मोठी करून तणनाशकाचा वापर करून जशी आहेत तशीच मारतो. तणे जमिनीवर जितकी वाढतील तितकी खाली मुळेही वाढतात. भांगलणी करून ती मुळासकट उपटण्यापेक्षा जमिनीवरील भागाचे आच्छादन व मुळांच्या पसाऱ्यातून हवेचे व्यवस्थापन असा नवीन अभ्यासाचा विषय हाताळणे चालू आहे. तणापासून जमिनीचा, पिकाचा, सेंद्रिय व रासायनिक खत व्यवस्थापनाचा फायदा करून घेणे शक्य आहे. १९४०-४५ च्या दरम्यान माझ्या वडिलांनी गवती जमिनी नांगरून पिकाचे उत्पादन घेण्यास सुरुवात केली. सुरुवातीच्या काळात कमी निविष्ठात चांगले उत्पादन मिळत असे. १९७० पासून मी शेती करू लागल्यानंतरही पहिल्या दहा वर्षांत उत्पादन चांगले मिळाले, पुढे ते घटत गेले. माझ्यापुढे आता मी एक मुख्य उद्दिष्ट ठेवले आहे, की ५०-६० वर्षांमागे जशी होती त्या पातळीपर्यंत जमिनीची सुपीकता नेणे. यासाठी गेली २० वर्षे पुस्तकी अभ्यास व शेतातील प्रयोग चालू आहेत. चांगल्या कुजलेल्या खतांचा भरपूर वापर करून हे साध्य करता आले नाही. १५ वर्षे उसाच्या पाचटाचा १००% वापर करूनही फारसे साध्य झाले नाही; परंतु नांगरणीशिवाय शेतीतून या उद्दिष्टाजवळ आपण जात आहोत याची जाणीव होत आहे.

फायदेशीर ठरतात.

सेंद्रिय खत वापरातून वरील दोन्ही परिणामांत वाढ करता येते. परंतु गरजेइतके खत आपण टाकू शकत नसल्याने इथे पर्यायांचा शोध घ्यावा लागेल. बागायत क्षेत्रात आपण गरजेप्रमाणे पाणी देऊ शकतो. कोरडवाहू क्षेत्रातील जमीन धारणा मोठी असते. आता पूर्वीसारखी जनावरे पाळली जात नाहीत. त्यामुळे सेंद्रिय खत वापराचे प्रमाण नगण्य आहे. पाऊस बेभरवशाचा असतो. पडला म्हणजे भरपूर पडतो व पावसाच्या दोन सत्रांमध्ये बऱ्याच वेळा भरपूर अंतर पडते. २५-३० दिवसांचे अंतर पडल्यास तितका काळ पीक हिरवेगार राहण्याइतका ओलावा जमिनीत राखणे गरजेचे आहे. पावसाळा अखेरीस जास्त काळ ओलावा टिकवून ठेवता आल्यास रब्बी पिकासाठी ते लाभदायक ठरेल, अगर कापूस, तूर यांसारख्या पिकांचे जास्त उत्पादन मिळणे शक्य होईल. जमीन तणविरहित ठेवणे, सतत डवऱ्याच्या पाळ्या मारत राहणे हे चालू उपाय पुरेसे नाहीत. कोरडवाहू क्षेत्रात १००% जमिनीवर पीक घेण्यापेक्षा ५०% क्षेत्रावर पीक घेणे व ५०% क्षेत्र जलसंवर्धनासाठी वापरणे योग्य होईल असे वाटते.

कोरडवाहू क्षेत्रात कापूस, तूर ही लांब अंतरावरील पिके व त्यात सोयाबीन, मूग, उडीद सारखी मिश्रपिके घेतली जातात. अशा पीक पद्धतीत १००% क्षेत्र पिकाखाली राहते. १००% क्षेत्राची मशागत, पेरणी, आंतरमशागत, पीक संरक्षण, तणनियंत्रण करत असताना शेतकऱ्यांची पूर्ण दमछाक होते. बऱ्याच वेळा कामे संपतच नाहीत. यामुळे व काही क्षेत्राचे नुकसान होते. शिवाय पावसाने जर दगा दिला तर केलेले सर्व कष्ट फुकट जातात.

प्रकरण ११
तणांपासून सेंद्रिय कर्ब

पिकाचे जमिनीखालील अवशेष आहेत तसेच विनानांगरणीच्या शेतीत कुजवले तर बऱ्यापैकी चांगल्या दर्जाचा सेंद्रिय कर्ब शेतीला मिळेल. गहू, सोयाबीन, कडधान्यांचे अवशेष न जाळता जमिनीवर विसकटून टाकावेत. जमिनी सुपीक बनवणे याला पर्याय नाही. एकदा या फेरपालटातून जमिनी सुपीक झाल्या तर उत्पादकता वाढल्याने ५०-६०% क्षेत्राच्या वापरातून पूर्वीच्या १००% क्षेत्रापेक्षा जास्त उत्पादन मिळवणे शक्य होईल.

सेंद्रिय खत (शेणखत, कंपोस्ट) जमिनीत कितीही मिसळले तरी त्यातून जी जलधारणाशक्ती वाढेल, ती २५-३० दिवस ओलावा टिकवून ठेवू शकणार नाही. सतत डवरणी करून रान भेगाळून दिले नाही तरीही हे साध्य होणार नाही. धसकटे व मुळांचे जाळे नांगरणीशिवाय जागेलाच कुजवले तर जलधारणशक्तीत चांगली सुधारणा करता येते; परंतु सर्वांत चांगला मार्ग म्हणजे पिकाचा आणि तणाचा पट्टा तयार करणे. तणे मोठ्या प्रमाणावर वाढवून पाऊस काळ संपताच ती मारून टाकल्यास त्यांचे जमिनीवर आच्छादन व जमिनीखाली मुळांची जाळी तयार होते. फक्त मातीपेक्षा मुळांच्या जाळीत पाणी जास्त साठवले जाते. पुढे मुळे वाळू लागल्यानंतर तेथे पोकळ्या तयार होतात. एखादा उशिराचा पाऊस पडला तर या पोकळ्यांत पाणी साठवले जाते. आच्छादनाखाली उपलब्ध ओलावा जास्त काळ टिकून राहतो. जेव्हा जमिनीखालील मुळांचा पसारा कुजू लागतो. कुजण्याच्या क्रियेतून पाणी बाहेर पडते. तेही काही काळ पिकाला मिळू शकते.

कोरडवाहूत अवशेष खूप मोठ्या प्रमाणात उपलब्ध होतात; परंतु ते खळे अगर मळणी यंत्रापासून परत नेऊन रानात पसरणे शक्य होत नाही. सेंद्रिय कर्बासाठी येथे युक्तीने तणांचा वापर करणे हा एक सुलभ पर्याय ठरतो. यातून पीकवाढीच्या काळातील पावसाच्या खंडात पीक वाळू न देण्याला मदत मिळते. पीक पोसण्याच्या सुमारास अगर दाणे भरण्याच्या काळात नेमका पाऊस गायब होऊन बरेच नुकसान होते. अगर कापूस, तूर यांसारख्या पिकांत पावसाळ्यानंतरही ओलावा टिकून राहिला तर काही उत्पादनांत वाढ मिळते. त्याचबरोबर जमिनीची सुपीकता वाढत जाते. हा सर्वांत मोठा फायदा आहे.

महाराष्ट्रात कोरडवाहू रब्बी ज्वारीखाली खूप मोठे क्षेत्र आहे. खरिपामध्ये हे रान पड टाकले जाते. त्यात तणे वाढतात. उत्तर पावसाळ्यात या जमिनींची मशागत करून पेरणी करतात. क्षेत्र मोठे असल्याने पेरणी यंत्र चालण्यासाठी मशागत करण्याचा प्रघात आहे. मशागतीमुळे पाऊस उघडल्यास पोकळ जमिनीतील ओलावा वाऱ्याने लवकर उडून जातो, तर पाऊस जास्त झाल्यास जमिनीत जास्त पाणी धरून राहिल्याने पेरणी धोक्यात येते.

मशागतीशिवायच्या शेतातील ओलावा जास्त काळ टिकून राहतो. पाऊस जास्त झाल्यास जादा पाण्याचा लवकर निचरा होतो. दोन्ही आपत्तींना मशागतीशिवायची शेती जास्त चांगले तोंड देऊ शकते. तणांचा प्रश्न आता तणनाशकाच्या वापरातून आटोक्यात आणता येतो. ज्यांचे क्षेत्र मर्यादित आहे त्यांनी टोकण अगर डोबून पेरणी करावी. ज्यांचे क्षेत्र जास्त आहे, त्यांनी कोणतीही मशागत न करता पेरणी करण्यासाठी ट्रॅक्टरचलित अवजारांचा वापर करावा.

आजवर केवळ पंजाबात भातानंतर गहू पेरणीसाठी अशी अवजारे उपलब्ध असल्याचे वाचले होते. रब्बी ज्वारीसाठीही पिकाचा पट्टा व तणाचा पट्टा असे प्रयोग होणे गरजेचे आहे. पिकाच्या ओळीतील अंतर ९० ते १२०-१५० सें.मी. करून प्रयोग करणे गरजेचे आहे. पुणे, नगर जिल्ह्यांत बाजरीचे पीक मोठ्या प्रमाणावर घेतले जाते. तेथेही हे प्रयोग करून पाहणे गरजेचे वाटते.

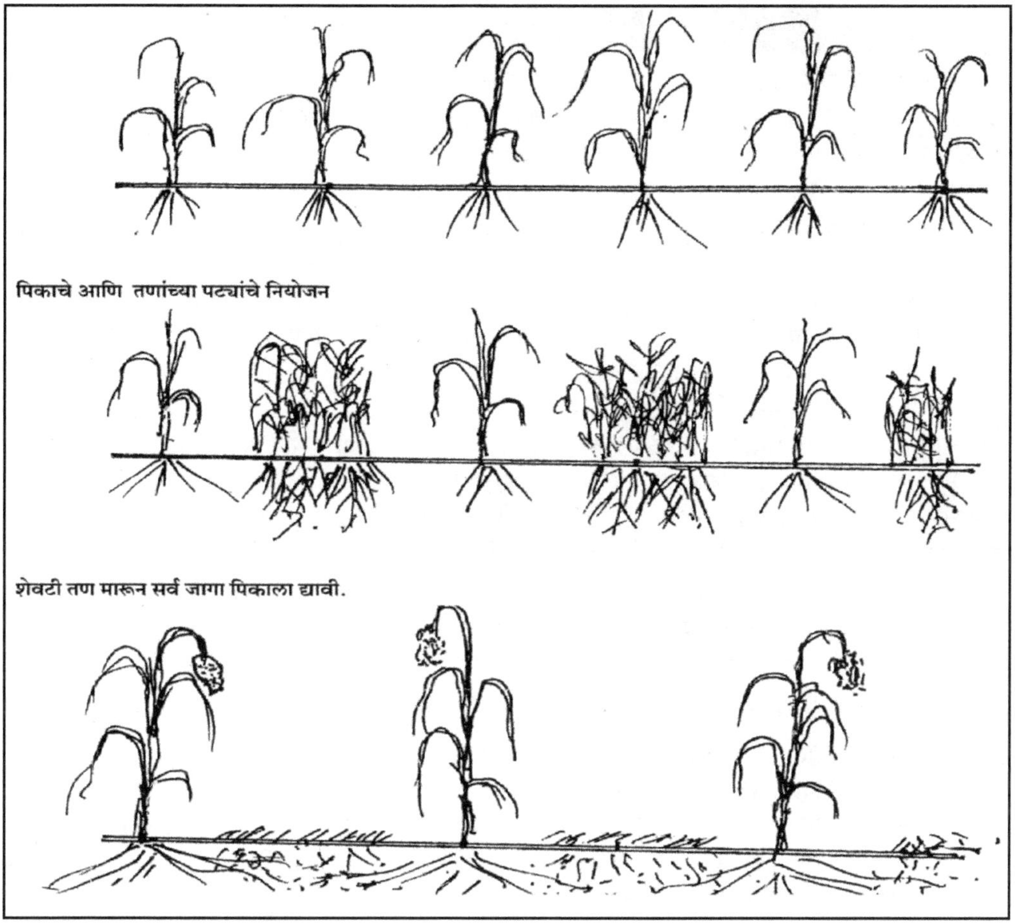

पिकाचे आणि तणांच्या पट्ट्यांचे नियोजन

शेवटी तण मारून सर्व जागा पिकाला द्यावी.

अन्नद्रव्य व्यवस्थापन :

तणांची व मुख्य पिकाची अन्नद्रव्याबाबत स्पर्धा होते. त्यामुळे पिकाला गरजेइतके अन्नद्रव्य मिळत नाही व उत्पादन घटते. या समजुतीमुळे स्वच्छ रान ठेवण्यासाठी दिसताक्षणी तणे मारण्याच्या गडबडीत शेतकरी असतो. तणांना बेसुमार वाढू देणे हा अतिरेक झाला; तो केव्हाही वाईटच! परंतु सूर्यप्रकाशात स्पर्धा होणार नाही अशा ठिकाणी व ओळीत पिकापासून थोड्या लांब अंतरावर असलेल्या तणावर सतत खुरपे चालवणे कितपत योग्य आहे, याचा विचार करण्याची वेळ आहे. रासायनिक खते वापरल्याने पिकाऐवजी तणांचीच वाढ जास्त होते, असे बऱ्याच वेळा बोलले जाते. आज रासायनिक खतांतून जी अन्नद्रव्ये आपण जमिनीत टाकतो त्यापैकी १५ ते २० टक्केच वापरली जातात व बाकीची फुकट जातात असे सांगितले जाते.

तणे व पिकांचा योग्य समन्वय ठेवून नाश होणाऱ्या ८०-८५% अन्नद्रव्यांचा साठा थोडाफार तणांनी खाल्ला व पुढे तो जमिनीत परत विलीन झाला तर रासायनिक खतांची कार्यक्षमता काही प्रमाणात वाढवता येणे शक्य आहे का, यावर संशोधन होणे गरजेचे आहे. तणातून सेंद्रिय कर्ब जमिनीत नुसता वाढला तरी हे काम काही प्रमाणात होईल.

भात शेतीतील अनुभव :

निंदणी अगर भांगलणीच्या कामात जमिनीतून तणे उपटून काढली जातात व गोळा करून बाहेर बांधावर टाकली जातात. बांधावर त्यांचे ढीगच्या ढीग पडतात. भात हे पावसाळी पीक. तणे उपटत असता त्याबरोबर चिखल येतो. म्हणून ती वैरणीसाठी नेली जात नाहीत. बांधावर नेऊन टाकावी लागतात. तणे जागेला ठेवल्यास परत जगतात व जोरात

जमिनीची सुपीकता

पिकाचे जमिनीखालील अवशेष आहेत तसेच नानांगरणीशिवायच्या शेतीत कुजवले तर बऱ्यापैकी चांगल्या दर्जाचा सेंद्रिय कर्ब शेतीला मिळेल. धसकटे गोळा करण्याचे काम कमी झाल्याने एका कामातून सोडवणूक होईल. काही शेतकरी सध्या कापूस वेचण्या झाल्यानंतर संपूर्ण पिकात जमिनीसह रोटाव्हेटर मारतात. त्यांनी फक्त पिकातच रोटाव्हेटर मारून पिकाचा चुरा करून टाकावा. तो जमिनीत मिसळून जाणार नाही, वरच आच्छादन रूपात राहील असे पाहावे. लांब अंतरावरील पिकात आपण पिकाचे पट्टे व तणांचे पट्टे असे नियोजन केले आहे. हे तण अनेक कारणांसाठी उपयोगी पडणारे आहे. तणे मोठी करवीत, जमिनीवर मोठी वाढवावीत, म्हणजेच जमिनीखाली मुळांचा पसारा भरपूर वाढेल. पुढे ती कापून टाकावीत, त्यांचे आच्छादन करावे, ब्रश कटर यंत्राने कापणे, तणनाशकाने मारणे, अगर, फास काढून कुळवाचा दिंड फिरवून जमिनीवर झोपवून वाढ थांबवणे असे काही पर्याय सुचतात. शक्य होईल तो सुलभ मार्ग शोधावा. ही तणे पुढे मरतील. जमिनीवरील व खालील भाग जमिनीत विलीन होऊन विविध प्रकारचा जैवभार कुजून जमिनीत सेंद्रिय कर्बाचे प्रमाण वाढेल. पुढील वर्षाची पेरणी या पट्ट्यात व मागील वर्षी पिकासाठी वापरलेला पट्टा तणासाठी असे आलटून पालटून क्षेत्र वापरता येईल. गहू, सोयाबीन, कडधान्याचे अवशेष न जाळता जमिनीवर विसकटून टाकावेत. जमिनी सुपीक करणे याला पर्याय नाही. एकदा या फेरपालटातून जमिनी सुपीक झाल्या तर उत्पादकता वाढल्याने ५०-६०% क्षेत्राच्या वापरातून पूर्वीच्या १००% क्षेत्रापेक्षा जास्त उत्पादन मिळविणे शक्य आहे. पीक वाढविण्याइतकेच जमिनीची सुपीकता वाढवणे हे महत्त्वाचे काम आहे. यामुळे तणाच्या पट्ट्याचे क्षेत्र नापेर अगर पड म्हणता येणार नाही.

वाढतात. पावसाळा अखेरपर्यंत बांध या तणांच्या ढिगांनी भरून जातात. असे काम १९७० ते २००८ पर्यंत माझ्याकडे चालू होते. २००८ च्या हंगामापासून भांगललेल्या तणांच्या मुठी बांधावर नेऊन टाकण्याचे काम मी थांबवले. पिकाच्या ओळीत तशाच मुळी राहू दिल्या. पुढे उघडिपीत आल्यावर तणनाशक मारून त्यांना परत फुटू न देता मारले. तणातून निर्माण झालेला जैवभार किती मोठ्या प्रमाणात रानाबाहेर फुकट जातो याची मला कल्पना होती. परंतु पर्याय सापडत नव्हता. पुढे २००९ पासून तणे उपटून न काढता आहे तशीच जागेला कशी मारता येतील यावर ऊस व भात या दोन्ही पिकांत काम चालू आहे. तण नियंत्रणावर झालेला खर्च जमिनीस मिळणाऱ्या सेंद्रिय कर्बातून वसूल झाला पाहिजे.

अभ्यास करता असे दिसते की येथे खर्चापेक्षा उत्पन्न जास्त आहे. तणनाश करणे म्हणण्यापेक्षा तण व्यवस्थापन करणे असे म्हणणे जास्त सयुक्तिक ठरेल. तणे हे एक संसाधन ठरावे व तण व्यवस्थापन हे शेतीतील एक फायदेशीर काम ठरावे असा नवा विचार मी शेतकऱ्यांपुढे ठेवत आहे.

इथे ज्येष्ठ शास्त्रज्ञ डॉ. रघुनाथ माशेलकर यांच्या लेखातील एक वचन वाचकांपुढे ठेवतो. 'प्रचलित विचारसरणी १००% बरोबर आहे असे कायमस्वरूपी गृहीत धरणे हा विज्ञानाच्या विकासासमोरील सर्वांत मोठा अडथळा आहे. प्रचलित विचारसरणी चुकीची असू शकते. त्यातील चुका व त्रुटी सतत शोधत राहणे, असे बंडखोर विचार विज्ञानाचा विकास वेगाने करू शकतात.' शेतीत या वचनावर चिंतन करण्यास खूप वाव आहे. शेतकऱ्यांबरोबर शास्त्रज्ञ व विचारवंतांनीही इकडे लक्ष दिले पाहिजे.

दीर्घ मुदतीच्या पिकात मिश्रपीक घेणे बंद करून त्या दोन पिकांसाठी वेगवेगळे क्षेत्र करावे. अल्प मुदतीच्या (सोयाबीन, मूग, उडीद वगैरे) पिकांच्या ओळीतील अंतर कमी असते. यामुळे अशा पिकाखालील क्षेत्राची मशागत करून पेरणी यंत्राने त्याची पेरणी करावी.

भात कापणीनंतर सरीच्या तळात ऊस बेणे लागण करण्यापूर्वी पॉवर टिलरने श्री.चिपळूणकर यांनी केलेली मशागत. या मशागतीसाठी एकरी ३०० रुपये खर्च आला.

प्रकरण १२

जागतिक पातळीवर चर्चा

संवर्धित शेती हा कोण्या दोन - चार शेतकऱ्यांच्या प्रयोगाचा विषय नाही. जगभरातील कृषी संशोधन केंद्रे आणि शेतकऱ्यांमध्ये याबाबत विचारमंथन सुरू आहे. या तंत्राला एक शास्त्रीय पार्श्वभूमी आहे. ही चळवळ कृषिविषयक व्यापाऱ्यापेक्षा शेतकऱ्यांना थेट बळ देणारी असल्याने प्रत्येक शेतकऱ्याने याचा अभ्यास करण्याची गरज आहे.

पिकाच्या गरजेप्रमाणे पाऊस कधीच पडत नाही. प्रत्येक पावसाळ्यात एक - दोन वेळा दीर्घ उघडीप पडते. ज्यांच्याकडे ओलिताची सोय नाही त्यांची पिके वाळतात. एकदा जर असे पीक वाळले, तर ते मूळ पदावर येऊन वाढीला लागेपर्यंत परत पावसाची उघडीप झालेली असते. बऱ्याच वेळा पिके निसवण्याच्या अगर दाणे भरण्याच्या अवस्थेत आल्यावर पाऊस उघडतो. शेतकऱ्यांच्या हातातोंडाशी आलेला घास दुरावला जातो. एखाद्या वर्षी पीक कापणीच्या वेळी इतका प्रचंड पाऊस पडला की तयार झालेल्या पिकांची कापणी करता येत नाही. अशा संकटांना तोंड देण्यासाठी तणे आपल्याला कशी मदत करू शकतील, यावर मागील दोन - तीन लेखांत काही नव्या कल्पना शेतकऱ्यांपुढे मांडल्या.

शेतीवरील खर्च कमी करण्याच्या शोधयात्रेत १९९० पासून मी वेगवेगळे मार्ग शोधत आहे. नांगरणी अगर पूर्वमशागत व सेंद्रिय खत व्यवस्थापन या दोन प्रमुख बाबींतून शेतकऱ्यांची सुटका झाली तर शेती बरीच सुलभ होऊ शकेल. संवर्धित शेतीचा अभ्यास गेली २० वर्षे चालू आहे. यात अनेक नवीन बाबी सापडल्या; त्यांपैकी काही परंपरेच्या तुलनेत पूर्णपणे उलट दिशेने जाणाऱ्या आहेत. नांगरणी न करता उत्तम प्रकारे शेती पिकवता येते हे मी आत्मविश्वासपूर्वक सांगू शकतो.

संवर्धित शेतीच्या जागतिक अधिवेशनातील नोंदी :

नांगरणीशिवाय शेतीचा अभ्यास चालू असतानाच नवी दिल्ली येथे ४ ते ७ फेब्रुवारी २००९ दरम्यान

जगभरात सहा लाख हेक्टर जमीन दरवर्षी खराब होत आहे. यातून प्रति वर्ष २५ दशलक्ष अमेरिकी डॉलर इतके नुकसान होत आहे. येथून पुढे २.४ दशलक्ष डॉलरनी नुकसानीचे प्रमाण दरवर्षी वाढत जाण्याचे संकेत दिले गेले आहेत. जागतिक अन्न व शेती संघटना (एफएओ) या विषयाचा अभ्यास करून उपाय सुचवण्याचे काम करत आहे. त्यांचे म्हणणे असे आहे, की जमिनीचे आरोग्य सुधारण्याकडे यापुढे आपल्याला लक्ष द्यावे लागणार आहे व या कार्यात सर्वांचा सहभाग अपेक्षित आहे. यातून संवर्धित शेतीच्या चळवळीला प्रारंभ झाला. या चळवळीमध्ये जमिनीची धूप थांबवणे, पाण्याचा कार्यक्षम वापर, पिकाच्या उर्वरित भागाचे आच्छादन, ऊर्जेचा वापर कमी करणे ही मूलभूत तत्त्वे जमीन सुधारण्यासाठी निश्चित केली गेली.

चौथे जागतिक संवर्धित शेतीचे अधिवेशन झाले होते. नांगरणीशिवाय अगर कमीत कमी मशागतीची शेती आपल्याप्रमाणे जगात अनेक ठिकाणी केली जात आहे. ही एक जागतिक चळवळ आहे. संवर्धित शेतीबाबत अनेक देशांत विचारमंथन चालू आहे. शेतीवर संशोधनाचे काम करणाऱ्या अनेक देशांतील वरिष्ठ पातळीवरील संस्था या कामात सहभागी आहेत. याला शास्त्रीय पार्श्वभूमी आहे. ही चळवळ कृषिविषयक व्यापारापेक्षा शेतकऱ्यांना थेट बळ देणारी असल्याने प्रत्येक शेतकऱ्याने यावर अभ्यास करण्याची गरज आहे.

'हरितक्रांतीची सुरुवात आपल्याकडे ६०-७० च्या दशकात झाली. जमिनीच्या सुपीकतेकडे दुर्लक्ष झाल्यास त्याचे दुष्परिणाम दिसण्यास किमान २०-२५ वर्षांचा कालावधी जावा लागतो', असे डॉ. एफ. जे. स्टिव्हन्सन आपल्या ग्रंथात म्हणतात. या संदर्भाप्रमाणे आपल्याकडे १९९०नंतर उत्पादकता घटत चालल्याची सर्वत्र नोंद झाली. काही मंडळींनी उत्पादकता घटण्यामागील संपूर्ण दोष रासायनिक खतांच्या व कीडनाशकांच्या वापराला देऊन ती बंद करून शेती करण्याचा सल्ला दिला. उत्पादकता नेमकी कशामुळे कमी झाली, या प्रश्नाचे विश्लेषण नीटपणे झाले नाही. हरित क्रांतीत जमिनीच्या सुपीकतेकडे दुर्लक्ष झाले हे आजही मान्य केले जात नाही. उत्पादकता घटणे व जमिनी खराब होणे याची व्याप्ती जागतिक आहे. मध्य अमेरिका ७४%, आफ्रिका ६५%, दक्षिण अमेरिका ४५%, तर आशिया खंडात ३८% अशी जमिनी खराब झाल्याच्या टक्केवारीची नोंद आहे. (पॉन्डे व लॉर्च, २०००)

या विषयीची प्राथमिक चर्चा १९९३ मध्ये रिओ-डी-जानिरो, ब्राझील येथे झालेल्या पर्यावरणविषयक जागतिक अधिवेशनात झाली. पर्यावरणविषयक अनेक विषयांत शेती हा एक विषय होता. यात अजेंडा २१ नामक एक धोरण ठरविण्यात आले होते. जमीन, पाणी, ऊर्जा, जंगले आदी नैसर्गिक संसाधनांचे संवर्धन करून शाश्वत विकास केला पाहिजे असे त्यावेळी ठरले. यासाठी काही नवीन तंत्रे विकसित करणे गरजेचे असल्याचे ठरवण्यात आले. पुढील परिषद २००२मध्ये जोहान्सबर्ग, द. आफ्रिका येथे भरवली गेली. यातील प्रमुख मुद्दे भूक व गरिबीपासून मुक्ती, पर्यावरणीय संरक्षण व आंतरराष्ट्रीय सहभाग असे होते. विषयाची तीव्रता लक्षात घेऊन संवर्धित शेती या स्वतंत्र विचारसरणीचा जन्म झाला. केवळ हाच विषय घेऊन स्पेन (२००१), ब्राझील (२००३), केनिया (२००५) आणि भारत (२००८) या ठिकाणी अधिवेशने पार पडली. अधिवेशने पार पडतात, जगभरचे शास्त्रज्ञ गोळा होतात, मोठा निधी खर्च केला जातो. मात्र निदान ज्ञानाचे काही कण तरी तळागाळातील शेतकऱ्यापर्यंत पोहोचणे गरजेचे आहे. आपण आपल्या शेतीत काय परिवर्तन करू शकतो यासाठी अभ्यास करणे गरजेचे आहे. ते आपण टप्प्याटप्प्याने पुढील भागात पाहणार आहोतच.

तणनाशकांच्या वापरासंबंधीचे अनुभव

मशागत करताना...

जमिनीची सुपीकता टिकवण्यासाठी जितकी कमीत कमी हलवाहलवी होईल तितके चांगले, असे संदर्भ मिळतात. या दृष्टीने सतत कोळप्याच्या (डवऱ्याच्या) पाळ्या देण्यासंबंधीही आपल्याला विचार करावा लागणार आहे. काही शेतकरी कोळपणीचा अतिरेक करताना आढळतात. नंदूरबार जिल्ह्यातील एका शेतकऱ्याने आपण कापसात १०-१५ कोळप्याच्या पाळ्या दिल्याचे सांगितले.

तणांचा नाश करण्यासाठी आपण मोठ्या प्रमाणावर जमिनीची हलवाहलवी करत असतो. तणनाशकाच्या वापराने हे काम थांबवता अगर कमी करता येते. नांगरणीशिवाय शेती अगर शून्य मशागत तंत्रात यावरही अभ्यास होणे गरजेचे आहे. म्हणून तणांचे व्यवस्थापन व तणनाशकांचा वापर यावर सविस्तर लिहिले आहे.

शेतीला असणाऱ्या रसायनांच्या धोक्याबाबत आज सर्वत्र चर्चा चालू आहे. शेतीमध्ये चांगले कुजलेले खत वापरण्याबाबत पुन्हा एकदा अभ्यास होणे आवश्यक आहे,असे मला वाटते. या संदर्भात अनेक संदर्भ मी तपासत आहे. ज्येष्ठ शास्त्रज्ञ डॉ. रघुनाथ माशेलकर यांचे आणखी विचार आपल्यापुढे ठेवत आहे. 'विज्ञानातील मुख्य समस्या ही नव्या कल्पना पुढे येण्याची नाही, तर जुन्या कल्पनांतून स्वतःची सुटका करून घेण्याची आहे. परंपरागत चालू असलेल्या एखाद्या समजुतीबाबत अनादर दाखवणे म्हणजे महापाप असल्याचे आपल्याकडे मानले जाते. अशा प्रकारची वैचारिक बंडखोरी किंवा प्रस्थापित विचारव्यूह झुगारून देण्याची वृत्ती रुजवणे हे भारतीय विज्ञान क्षेत्रापुढील प्रमुख आवाहन आहे', असे त्यांनी म्हटले आहे.

शेतकऱ्यांचे अनुभव

नगर जिल्ह्यातील प्रयोगशील शेतकरी सबाजीराव गायकवाड यांनी तणनाशकात बाजारात मिळणारे काळे खडे मीठ (जे चार ते पाच रु. किलो असे स्वस्त असते) प्रति दहा लिटर पाण्यात २५ ग्रॅम मिसळल्यास तणनाशकाचा वापर ५० टक्के कमी करूनही तणांचा योग्य प्रमाणात नाश करता येतो, असे सांगितले. चालू वर्षी मी याचा अवलंब करून नंतरच हे लिहित आहे.

आता जमिनीच्या सुपीकतेच्या दृष्टिकोनातून मिठाचा असा वापर करणे कितपत योग्य आहे, अशी अनेक शेतकऱ्यांच्या मनात शंका येणे स्वाभाविक आहे. जमिनीत सोडिअमचे प्रमाण वाढणे (मिठात सोडिअम व क्लोरिन हे घटक असतात) हे कृषी रसायनशास्त्रात धोक्याचे मानले जाते. सोडिअम हा एक त्रासदायक घटक समजला जातो.

एखाद्या तणनाशकाच्या फवारणीतून हेक्टरी जास्तीत जास्त ३०० ते ४०० ग्रॅम मीठ वापरले जाईल. सोडिअम हा पाण्यातून निचऱ्यावाटे निघून जाणारा घटक आहे. क्षारपड किंवा मीठ फुटलेल्या जमिनीत जमिनीतील पाण्याची पातळी वाढल्याने बाष्पीभवन होऊन पृष्ठभागावरील पाणी उडून जाते व क्षार शिल्लक राहतात. हे सर्व मीठ नसते. त्यात अनेक प्रकारचे क्षार असू शकतात.

मीठ हा पिकासाठी एक हानिकारक घटक आहे, असे आजपर्यंत मी समजत होतो. श्री. गायकवाड म्हणतात, की पिकाला सूक्ष्म प्रमाणात मिठाचीही गरज असते. इतर अनेक अन्नघटकांचे जमिनीतील प्रमाण जसे कमी झाले आहे तसे सोडिअमचे प्रमाणही कमी झाले आहे. त्याच्या वापराला पिके प्रतिसाद देतील हा दावा आपल्या सर्वांसाठी एक नवा विषय आहे. यासाठी मी काही पुस्तके चाळली.

पूर्वी १३ अन्नघटक पिकाला गरजेचे आहेत, असे सांगितले जात असे. आता त्यात आणखी काही अन्नघटकांची भर पडली आहे. सिलिकॉन, ॲल्युमिनिअम, सोडिअम, कोबाल्ट, निकेल वगैरे (वगैरेमध्ये आणखी काही घटकांची यादी वाढणार आहे.) मिठातील क्लोरिन थोड्या प्रमाणावर गरजेचेच आहे. त्यामुळे मिठाचा वापर करण्यात एकदम घाबरून जाण्यासारखे काही नाही. रसायनावरील खर्च कमी होत असेल तरच मिठाचे शेतकऱ्यांनी स्वागत करावे.

दूरध्वनीद्वारे काही शेतकऱ्यांना मीठ वापरण्यास सांगितले असता शेतकऱ्यांनी आयुर्वेदिक औषधाच्या दुकानातून २०-२५ रुपये किलो प्रमाणे मिळणारे मीठ आणले. आपल्याला ते वापरावयाचे नाही. काळे अगर ते न मिळाल्यास पांढरे खडे मीठच वापरावे. आयोडीनयुक्त मिठासारखे मिळणारे मीठ आता प्रत्येकाच्या स्वयंपाकघरात वापरले जाते त्याचा उपयोग खडे मिठाप्रमाणे होत नाही. ते अजिबात वापरू नये.

भात कापणीनंतर गरजेपुरत्या मशागतीवर केलेली उसाची लागण. या शेतामध्ये जुन्या खोडव्याचे व भाताचे उरलेले भाग जागेवर कुजत आहेत.

प्रकरण १३

जगभर जागृती

जागतिक पातळीवरील संवर्धित शेतीचे चौथे अधिवेशन नवी दिल्ली येथे ४ ते ७ फेब्रुवारी, २००९ रोजी पार पडले. राजधानीत जागतिक पातळीवरील अधिवेशन असल्याने त्याच्या आयोजनाला एक वेगळा आयाम होता. संवर्धित शेती या विषयात काम करणाऱ्या जगभरातील शास्त्रज्ञांनी तेथे आपले शोधनिबंध सादर केले. त्यातून जगभरातील संवर्धित शेतीमधील संशोधन आणि अनुभव सर्वांपुढे आले.

संवर्धित शेतीच्या चौथ्या अधिवेशनाचे यजमानपद सन २००९ मध्ये भारताला मिळाले होते. भारतात या विषयात यापूर्वी प्रत्यक्ष शेतकरी पातळीवर मोठ्या प्रमाणावर काम झाले होते. दक्षिण आशियाई देशांपैकी पाकिस्तान, भारत, नेपाळ व बांगला देश या चार देशांचा बराच भाग हिमालयात उगम पावलेल्या नद्यांनी समृद्ध केला आहे. इंग्लिशमध्ये याला 'इंडो गॅन्जेटिक प्लेन' असे म्हणतात.

वेगवेगळ्या पर्वतरांगांच्या प्रदेशात शेती करीत असलेल्या महाराष्ट्रातील शेतकऱ्यांना हा भाग प्रत्यक्ष पाहिल्याखेरीज त्याची कल्पना येणार नाही. अतिशय सपाट असा हा मैदानी प्रदेश असून, कित्येक फूट खोल गेले तरी खडक सापडत नाही. जमीन अतिशय सुपीक आहे. खरीप भात व रबी हंगामात गहू असा फेरपालट आहे. सन १९६०-७०ची हरितक्रांती प्रामुख्याने या दोन पिकांत या क्षेत्रातच राबवली गेली. सुधारित पद्धतीने सतत ही पिके घेतल्याने नैसर्गिक साधनसामग्रीचा मोठ्या प्रमाणावर ऱ्हास झाला. या चार देशांतील 'इंडो गॅन्जेटिक प्लेन' या पट्ट्यातील शेतकऱ्यांना एकत्रित करून संवर्धित शेतीची योजना राबवण्याचे नियोजन २००३पासून करण्यात आले.

या संसाधनांचे संवर्धन करणारे तंत्र (रिसोर्स कंझर्व्हिंग टेक्नॉलॉजी RCTs) असे योजनेचे नामकरण करण्यात आले. एका आंतरराष्ट्रीय संस्थेकडून २.५ लाख डॉलर व भारतीय कृषी

जगभरात सुरू झाले संवर्धित शेतीचे प्रयोग

योजनेचे यश पाहून संसाधनांचे संवर्धन करणाऱ्या या तंत्राचा प्रसार जगभर करण्याचे ठरवण्यात आले. लगेच त्याची चाळीस देशांत अंमलबजावणी सुरू झाली. कृषी संशोधनविषयक अनेक पातळ्यांवर काम करणाऱ्या संस्थांनी नांगरणीशिवाय पेरणी व पिकाच्या अवशेषांचे आच्छादन ही मूलतत्त्वे धरून प्रयोग सुरू केले. शेतकऱ्यांचे शिक्षण, सल्ला देणे, विचार, अनुभवांची देवाणघेवाण आणि आलेल्या अडचणीतून पुढील सुधारणा अशी या विषयावर पुढे सतत चर्चा सुरू राहावी; यासाठी सलग दहा वर्षांच्या कार्यक्रमाची रूपरेषा ठरवण्यात आली. या कार्यक्रमाचे सन २००६-०८, सन २००९-१३ आणि सन २०१४-१६ असे तीन टप्पे पाडण्यात आले. या एकूण योजनेचे १५ दशलक्ष डॉलरचे अंदाजपत्रक आहे.

या कार्यक्रमांतर्गत कार्बन क्रेडिटसारखी योजनाही एकत्रितपणे हाती घेण्यात आली आहे. हरितगृह वायूचे उत्सर्जन कमी करून पर्यावरण सुधारणे, उष्ण कटिबंधीय जंगलांचा ऱ्हास कमी करून त्यांचा विकास करणे, जंगल-जमिनीची धूप थांबवणे हा कार्यक्रम विकसनशील व विकसित देशांनी एकत्रितपणे राबवावयाचा आहे. या यशकथेची संपूर्ण माहिती लोढा, यादिविंदर सिंह, एरस्टोन व हार्डी यांनी लिहिलेल्या 'इंटिग्रेटेड क्रॉप रिसोर्स मॅनेजमेंट इन दि राइस व्हीट सिस्टिम ऑफ साउथ आशिया' पुस्तकातून उपलब्ध आहे. हे पुस्तक मोफत डाऊनलोड करून घेण्याच्या सुविधेची बातमी 'ॲग्रोवन'मधून आली होती. या योजनेत चार देशांचा सहभाग असला तरी भारतच प्रमुख सहभागी देश होता. चौथ्या आंतरराष्ट्रीय परिषदेचे यजमानपद प्राप्त होण्यास या यशकथेची पार्श्वभूमी अशी आहे. परिषदेसंबंधी जी प्रकाशने उपलब्ध झाली, त्यात स्मरणिका, मुख्य शोधनिबंध व संक्षिप्त अशा स्वरूपात एकूण १०००-११०० पानांचे साहित्य उपलब्ध आहे.

संशोधन संस्थेकडून १.५ दशलक्ष डॉलर असा या योजनेवर मोठ्या प्रमाणावर निधी वापरला गेला. शेतकऱ्यांमध्ये हे तंत्र अतिशय लोकप्रिय झाले. २००६पर्यंत तीन दशलक्ष हेक्टरवर ही योजना राबवली गेली. जगभरातील शास्त्रज्ञ मंडळींचे लक्ष या यशोकथेने वेधून घेतले. आंतरराष्ट्रीय पातळीवरील 'किंग बोधोविन' पुरस्काराने ही योजना सन्मानित करण्यात आली.

संशोधनाचा गोषवारा :

स्मरणिकेत आर. के. गुप्ता व आर. के. मलिक यांनी मांडलेले विचार चिंतनीय आहेत. ते म्हणतात, 'धान्याच्या तुलनेत कडधान्ये व तेलबियांची शेती कमी उत्पन्न देणारी असल्याने शेतकरी मोठ्या प्रमाणावर भात आणि गहू असाच दोन्हीही एकदल पिके असणारा फेरपालट राबवतात. यातून तात्पुरता फायदा होत असला तरी दीर्घ मुदतीचा विचार केल्यास ही शाश्वत शेती होऊ शकत नाही. पंजाब, हरियाणा व लगतचा उत्तर प्रदेशचा भाग यातून पिकणाऱ्या धान्य पिकावर भारताची धान्य शाश्वतता अवलंबून असते. या विभागात होणाऱ्या धान्योत्पादनावर धान्याचे दर अवलंबून असतात. यामुळे हा फेरपालट फारसा बदलला जात नाही.

महाराष्ट्रात जूनच्या पहिल्या ते दुसऱ्या आठवड्यात पावसाला सुरुवात होते. सप्टेंबर-ऑक्टोबरमध्ये खरीप पिकांच्या कापण्या होतात.

भात-गहू अभियानात समाविष्ट झालेले सालवार क्षेत्र (हेक्टर)

देश	२००१-०२	२००२-०३	२००३-०४	२००४-०५	२००५-०६
भारत	१,३३,५५०	३,७५,६७१	८,७०,१५०	१८,७०,४६४	२३,८८,६७३
पाकिस्तान	७९,८५३	१,९२,१२७	३,३८,९००	४,३८,०००	४,२१,२१०
बांगला देश	१०,३७२	१०,३९८	१०,५६०	३,८८,८२०	४,१९,९१०
नेपाळ	३८०	५६०	२,७०४	१२,३५९	१४,३०७
एकूण	०२,२४,१५५	०५,७८,८४६	१२,२२,३१६	२७,०९,६४३	३२,४४,१००

हाच पाऊस पंजाब, हरियाणापर्यंत जाण्यास आणखी १५ ते २० दिवस उशीर होतो. त्यांच्या पेरण्या जुलैमध्ये होतात, तर कापण्या ऑक्टोबर अखेर ते नोव्हेंबरच्या सुरुवातीस होतात. खरीप भात कापणीनंतर मशागत करून रब्बी गव्हाची पेरणी करण्यास बराच वेळ लागल्याने गव्हाच्या पेरणीला उशीर होत असे. उशिरा पेरलेल्या गव्हाला केवळ थंडीचा कमी कालावधी मिळाल्याने त्याचे उत्पादन घटत असे.

भाताची यांत्रिक कापणी झाल्यानंतर रानात शिल्लक राहणारे काड पुढील गव्हाच्या पिकाची पूर्वमशागत आटोपण्यासाठी जाळून टाकण्याचीच प्रथा होती. गव्हाच्या कापणीनंतर भाताच्या पूर्व मशागतीसाठी गव्हाचे काड जाळले जात असत. हरितक्रांतीनंतर सुरुवातीच्या काळात सुधारित बियाणे, भरपूर पाणी, रासायनिक खते, कीडनाशके यांचा वापर करून भरपूर उत्पादन मिळत होते, तोवर हे काड जाळल्याने होणाऱ्या तोट्यावर प्राथमिक विचार होण्याची कोणतीच शक्यता नव्हती. आज आपण ते सर्व सहज चुकीचे ठरवून टाकू शकतो; परंतु त्या काळातील परिस्थितीचा विचार केल्यास तंत्र चुकीचे म्हणता येणार नाही. कोणत्याही तंत्राच्या अल्प व दीर्घ मुदतीच्या परिणामांचा अभ्यास होण्यास तितका काळ जाणे गरजेचे आहे, हे मान्य करावेच लागते. सन १९९० नंतर उत्पादकता कमी होत असल्याची जाणीव होऊ लागल्याने या तंत्रातील चुका व ते सुधारण्याचे मार्ग यावर संशोधन सुरू झाले. पेरणी वेळेत आटोपणे आणि जमिनीतील सेंद्रिय कर्बाचा साठा वाढवणे ही दोन कामे केंद्रिभूत धरून संवर्धित शेतीची तंत्रे विकसित केली गेली.

स्वयंचलित यंत्राने कापणी - मळणी केल्यानंतर शेतात विखरून पडणारे काड पुढील पिकाची पूर्वमशागत करण्यासाठी जाळण्याची प्रथा होती. काड न जाळता पुढील पिकाची पेरणी करता आली, तर वरील दोन्ही उद्दिष्टे साध्य होणार होती. यासाठी ज्या ओळीत पेरणी करावयाची, त्या ओळीपुरती मशागत करणे व ते करत असता आडवे येणारे काड गोल फिरणाऱ्या करवतीसारख्या दाताच्या चक्राने कापून बाजूला सारणे, मशागत केलेल्या ओळीतूनच मागे जोडलेला खत व बी सोडणारा फण जाणे अशा पद्धतीची यंत्रे विकसित करण्यात आली. या यंत्रात पुढे गरजेप्रमाणे अनेक सुधारणा करण्यात आल्या.

या यशोगाथेने एक जुनी म्हण कालबाह्य ठरवली. ती म्हणजे .... 'More you till and more you eat.' म्हणजेच 'जास्तीत जास्त मशागत करा व जास्तीत जास्त अन्नधान्य पिकवा, पुरेसे खा.' शेतकरी समाजाला नेहमीच अडाणी समजण्याची सर्वत्र प्रथा आहे. चांगल्या नवीन गोष्टी तो सहजासहजी स्वीकारत नाही, अशी तक्रार करण्यात येते. या तक्रारीत फारसे तथ्य नसल्याचे लेखातील आकडेवारीवरून स्पष्ट होते

शून्य मशागत तंत्रज्ञानावर आधारित अवजारे विकसित झाली आहेत.

आपल्याकडेही अशा प्रकारची शून्य मशागतीत काम करणारी यंत्रे विकसित होणे गरजेचे आहे.

प्रकरण १४

नियोजनातून मशागत क्रांती

जगभरात संवर्धित शेतीचा प्रसार किती झपाट्याने झाला हे मागील लेखात आपण पाहिले. भात, गहू अभियानात आंतरराष्ट्रीय व राष्ट्रीय पातळीवरील संशोधन संस्था, कृषी खात्यामधील लोकांनी एकत्रित काम करून हे अभियान यशस्वी केले. या यशोगाथेचे श्रेय संशोधक आणि मोलाची साथ देणाऱ्या शेतकरी वर्गालाही आहे.

कमी कालावधीत शेतीत एवढे मोठे परिवर्तन घडवून आणणारी संवर्धित शेती ही एक असाधारण घटना मानावी लागेल, यामागे आणखी एक कारण संभवते, ते म्हणजे या पट्ट्यात भात, गव्हाच्या उत्पादनात उच्चांक करण्याच्या नादात जमिनीच्या सुपीकतेची प्रचंड हानी झाली. उत्पादनाच्या लालसेपोटी पाणी, खतांचा अनियंत्रित वापर झाला. त्यातून जमिनीच्या सुपीकतेचे प्रश्न निर्माण झाले; परंतु आता पिकाचे अवशेष तसेच ठेवून पेरणी करणे शक्य झाल्याने हरितक्रांतीने निर्माण केलेले सर्व गंभीर प्रश्न संवर्धित शेतीने मोडीत काढले. संवर्धित शेतीत उत्पादनाचा आलेख परत उंचावल्याने शेतकरी त्याकडे आकृष्ट झाले. सुधारित बी-बियाणे, खते, कीडनाशकांनी पहिली हरितक्रांती घडवून आणली. तर या दुसऱ्या क्रांतीला मशागत क्रांती (टिलेज रेव्होल्युशन) असे नाव देण्यात आले. या दोन क्रांतींची तुलना करता गुप्ता व मलिक लिहितात, की पहिल्या हरितक्रांतीने भारताला अन्नधान्यात स्वयंपूर्ण केले. मशागत क्रांतीतून कमी खर्चात जास्त उत्पादन, जमिनीच्या सुपीकतेचे संवर्धन, पाण्याचा कमी वापर, संसाधनांचा कमी वापर शक्य झाला. त्याचबरोबरीने पर्यावरणस्नेही, शेतकरी वर्गाच्या आरोग्यात भर टाकणारी व गरिबीचे उच्चाटन करणारी मशागत क्रांती अल्पावधीत फोफावली.

शास्त्र समजून घ्या :

जमिनीच्या पृष्ठभागावर संपूर्ण मागील पिकाचे काड तसेच राखून पुढील पिकाची पेरणी होणे हे माझ्या

दृष्टीने सूक्ष्म जीवशास्त्राच्या दृष्टीने अत्यंत महत्त्वाचे आहे. असे झाल्याने एका बाजूला सेंद्रिय खत कारखाना सुरू राहतो. दररोज ताजे खत तयार होत असते. त्याचा वापरही पिकाकडून चालू असतो. खत तयार होण्याच्या या प्रक्रियेचा वाढणाऱ्या पिकाला कोणताही त्रास न होता सतत फायदाच होत राहतो, याला कारण फक्त शून्य मशागत!

राज्यात आज अनेक भागांत गहू, सोयाबीनची यंत्राने कापणी, मळणी केली जाते. पुढील पिकाची मशागत करण्यासाठी अनेक शेतकरी काड जाळून टाकतात. काडाचे महत्त्व जाणणारे शेतकरी ते जाळत नाहीत, परंतु काड जमिनीत नांगरणीतून मिसळून टाकतात. यातून काड कुजून जमिनीची सुपीकता वाढेल, परंतु शेतकऱ्याचे दुहेरी- तिहेरी नुकसान होते. मशागतीसाठी नेहमीपेक्षा जास्त खर्च येतो. काड कुजण्याच्या क्रियेत पुढील पिकाच्या वाढीत अडथळे निर्माण होतात. (यावर पूर्वी स्पष्टीकरण दिले आहे.) जमीन पोकळ झाल्याने पाणी वापर वाढतो. पाण्याचा जास्त वापर, पाणी उपसणाऱ्या यंत्राचा व विजेचा जास्त वापर व पुढे गहू, हरभरा यांसारख्या कमी पाण्याची गरज असणाऱ्या पिकांच्या वाढीसाठी हे जमिनींनी जादा धरून ठेवलेले पाणी हानिकारक ठरू शकते. हे परिणाम भारी जमिनीत जास्त संभवतात. त्या मानाने हलक्या जमिनीत ते कमी संभवतात. शून्य मशागतीत ही सर्व नुकसानी आपोआप टळते. आपल्याकडे अशी शून्य मशागतीत पेरणी करणारी यंत्रे विकसित होणे गरजेचे आहे.

लहान अवजारांची गरज :

पहिल्या पिढीत तयार झालेली पेरणी यंत्रे काहीशी अवजड व प्रचंड किंमतीची होती. दुसऱ्या पिढीतील

फायदा मशागत क्रांतीचा

मिळालेल्या यशावर समाधान न मानता येणाऱ्या अडचणींचा विचार करून त्यात सतत सुधारणा करण्याचे पाठपुराव्याचे धोरण संवर्धित शेतीमध्ये राबवल्याचे दिसून येते. या अभियानाचे हे एक खास वैशिष्ट्य मानावे लागेल. याचा खास निर्देश करण्यामागे हा हेतू आहे, की आपल्याकडे राबवल्या जात असलेल्या अनेक योजना राबवल्यानंतर त्यांचा पाठपुरावा, केला जात नाही, कोणतीही योजना राबवत असता प्रत्यक्ष शेतात काय अडचणी येऊ शकतात याचा सतत पाठपुरावा होणे गरजेचे असते. अडचणींचा अभ्यास करून त्यात योग्य सुधारणा झाल्यासच अभियान तडीला जाते. यासाठी दीर्घ काळासाठी नियोजन व निधीची उपलब्धता करणे गरजेचे असते. महाविद्यालयीन अभ्यासक्रमात कोणत्याही योजनेच्या अखेरीस पाठपुरावा (फॉलोअप) हे कलम शिकवले जाते. वास्तवात त्याची अंमलबजावणी केली जाते का हा संशोधनाचा विषय होईल. अशाने अनेकदा निधी खर्च होतो, परंतु शेतकऱ्यांना त्याचा फायदा मिळत नाही. कापणीनंतर रानात विखरून पडलेल्या अवशेषात पेरणी करणारे यंत्र विकसित झाल्याने या मशागत क्रांतीला सुरुवात झाली. या अवजारात सुधारणा; तसेच शून्य मशागतीचे काम सुलभ करणारी अवजारे पुढे सतत विकसित झाल्याने या मशागत क्रांतीला सुरुवात झाली. त्यांना दुसऱ्या पिढीची अवजारे असे म्हटले जाते. या दुसऱ्या पिढीच्या अवजारांनी मशागतीशिवाय शेती तंत्रात आमूलाग्र बदल करून टाकले. संवर्धित शेतीच्या यंत्रामुळे ०.५ दशलक्ष टन गव्हाचे जादा उत्पादन मिळाले. या व्यतिरिक्त८० दशलक्ष डॉलर किमतीची इंधनात बचत झाली. मशागत आणि पाणी पुरवठ्यातील बचतीमुळे इंधन खर्चात इतकी बचत झाली. या अभियानातून शेतकऱ्यांचा झालेला फायदा चकित करणारा होता, प्रति हेक्टर उत्पादन खर्चात २५०० रु. इतकी बचत झाली. (आकडे २००३-४ च्या दरम्यानचे आहेत.) प्रति हेक्टर ५० ते ६० लीटर डिझेल वाचले. पिकाचे अवशेष (काड) जागेलाच कुजल्याने जमिनीच्या सुपीकतेत वाढ झाली. त्यामुळे सरासरी प्रति हेक्टरी २४७ किलो जादा उत्पादन मिळाले. शून्य मशागतीमुळे पाणी वापरात बचत झाली. सन २००४ या एका वर्षात एकूण १३०० दशलक्ष घनमीटर सिंचनाच्या पाण्यात बचत झाल्याने अनुमान काढले गेले. चिखलणी व भात लावणी हे काम प्रचंड कष्टाचे व भरपूर मजूर लागणारे आहे. यासाठी भाताची लावणी करण्याचे यंत्र विकसित करण्यात आले. त्याच्या प्रात्यक्षिकात असे दिसून आले की चिखलणी केलेल्या रानापेक्षा शून्य मशागतीवरील रानात यंत्राने भाताची जास्त चांगली लावणी होत आहे. शून्य मशागत तंत्र गहू भाताप्रमाणेच मका, ज्वारी व सातू या पिकांसाठीही वापरले गेले.

अवजारे त्यामानाने हलकी व कमी किमतीची तयार करण्यात आली. या अवजारांनी हजारो शेतकऱ्यांचा फायदा करून दिल्याने शेतीत हे एक नवीन मॉडेल तयार झाले. जगभरातील शास्त्रज्ञांचे लक्ष या तंत्राने वेधून घेतले. पुढे या यंत्रांना परदेशातूनही मागणी येऊ लागली. या तंत्राचा जसा शेतकऱ्यांना फायदा झाला, तसाच संबंधित अनेक घटकांनाही त्याचा फायदा झाला. भूमिहीन शेतमजूर, कृषी सेवा केंद्रे, अवजारे उत्पादक, कृषी विस्तारात काम करणारे, या सर्वांचा समावेशक लाभ हा या यशोगाथेतील महत्त्वाचा भाग मानावा लागेल. खासगी क्षेत्रात सुरुवातीस ही अवजारे तयार करणारे केवळ दोन कारखाने होते. पुढे अभियान राबवलेल्या चार देशांतील एकूण १३४ उत्पादक ही यंत्रे बनवू लागले. हा आकडा शेतकऱ्यांतील या यंत्राची लोकप्रियता समजण्यास पुरेसा आहे. चिखलणी व लावणी ही कामे वेळेत पूर्ण करण्यात आलेल्या अडचणीमुळे कोकणातील भात शेती धोक्यात आली आहे. चंद्रपूर, गोंदिया, गडचिरोली भात पट्ट्यात यापेक्षा फारशी वेगळी परिस्थिती नाही. आज अनेक ठिकाणी चिखलणीचे काम बैलाऐवजी पॉवर टिलरकडून केले जाते. चिखलणी टाळून अगर शून्य मशागतीवर यंत्राने लावणी करणारी तंत्रे विकसित होऊ शकतील. इतर शेती क्षेत्राच्या तुलनेत हा भात पट्टा काहीसा गरीब मानला जातो. त्याची उन्नती होणे गरजेचे आहे.

शून्य मशागत तंत्रात पुढे गादी वाफ्यावर मिश्र पिके पेरणारी अवजारेही विकसित करण्यात आली, त्यामुळे गहू-भात या एकदल पिकाबरोबर द्विदल कडधान्याच्या मिश्र पिकाचा समावेशही या तंत्रात केला गेला. आपल्याकडील तुरीचे वाण सर्वसाधारणपणे १८० दिवसांत तयार होतात. यात मूग उडदाचे मिश्र पीक घेतले जाते. त्यांनी आयसीपीएल ८८०३९ हा अति लवकर तयार होणारा वाण खरिपात वापरून रब्बीत दुसरे पीक घेण्याचे तंत्र विकसित केले आहे. ही पिके कायमस्वरूपी तयार केलेल्या गादीवाफ्यावर अगर सरी वरंब्यावर घेतल्याने (पाट पाण्यावरील) ३० ते ४०% बी व पाण्याची बचत होते, पीक लोळत नाही, दाणे चांगले भरतात, उत्पादन व उत्पादनाचा दर्जा चांगला मिळतो. त्याचबरोबर एखाद्या अवकाळी पावसामुळे होणाऱ्या तात्पुरत्या पाणी साठ्यामुळे होणाऱ्या धोक्यापासून पिकाचे संरक्षण होते.

अशा तंत्राचा समाजातील अल्पभूधारक शेतकऱ्यांना जास्त फायदा झाल्याचे सर्वेक्षणातून दिसून आले. मजुरांना जास्त काम मिळाले, स्थलांतर करावे लागले नाही त्यामुळे घरातील वयस्कर व लहान मुलांना सामाजिक कौटुंबिक स्थैर्याचा लाभ घेता आला. अशा काही सामाजिक लाभांचेही सर्वेक्षण संवर्धित शेतीत केल्याची नोंद आहे.

तणनियंत्रण, पाणी बचत तसेच जमिनीतील सेंद्रिय घटक वाढवण्यासाठी पाचटाचे आच्छादन फायदेशीर ठरते.

प्रकरण १५
शेतीमधील निसर्गचक्र

निसर्ग नियमाप्रमाणे पिकांच्या अवशेषांची वाटचाल कशी होते हे प्रत्येकाने अभ्यासावे. हवेतील कर्ब वायू घेऊन, वनस्पती त्यापासून कर्बोदके, प्रथिने, तेल यासारखे पदार्थ बियांत तयार करतात. सेल्युलोज, हेमी सेल्युलोज, लिग्निनचे काडात रूपांतर होते. सूर्यापासून मिळणारी उष्णता वापरून हे परिवर्तन झालेले असते. हे स्त्रोत प्राणी जगताला जीवन जगण्यासाठी ऊर्जास्त्रोत म्हणून वनस्पतींनी बनवलेले आहेत. या शक्तीतून प्राणी आपले जीवन जगतात.

मी कोल्हापूर जिल्ह्यातील शेतकरी. इकडे जमिनीचे आकारमान लहान. ४० ते ६० आर. एवढे रान म्हणजे एकदम मोठे क्षेत्र अशी इकडील व्याख्या. तीन ते चार हेक्टर जमीन धारण करणारा शेतकरी मोठा. विदर्भ खानदेशात जमिनीचे मोठे धारण क्षेत्र पाहावयास मिळते. मला नंदूरबार जिल्ह्यातील तळोदा गावी यांत्रिक पद्धतीने कापणी, मळणी पाहावयास मिळाली. या ठिकाणी कापणीनंतर जमिनीवर शिल्लक राहणारे काड प्रत्यक्षात पाहिल्याखेरीज आपल्याला कल्पना येणार नाही. अनेक शेतकरी हे विखरून पडलेले काड पेटवून देतात आणि पुढील पिकासाठी जमीन नांगरतात. भू-सूक्ष्मजीव शास्त्राचा विद्यार्थी असल्याने या काडाचा जमिनीसाठी काय उपयोग आहे, त्या मागील विज्ञान मला माहिती आहे. प्रत्यक्ष शेतातील अनुभव गाठीशी असल्याने मनाची कालवाकालव होते. आपल्याकडे ऊस तुटून गेल्यानंतर पाचट पेटवून देतात आणि पुढील पिकासाठी जमीन नांगरतात. यातून जमिनीचे, अन्नद्रव्यांचे, पर्यावरणाचे नेमके काय नुकसान होते याची फारशी चर्चा होत नाही.

भात - गहू अभियानात या नुकसानीचे सर्वेक्षण करण्यात आले. यामध्ये असे सांगण्यात आले, की अभियानातील एकूण क्षेत्रात १५० द.ल. टन काड निर्माण झाले असावे. एक टन काड जाळले तर ६० किलो कार्बन मोनॉक्साईड, १४६० किलो कार्बन-डाय-ऑक्साईड आणि दोन किलो सल्फर-डाय ऑक्साईड हवेत सोडला जातो. तर १९९ किलो राख जमिनीवर शिल्लक राहते. या आकडेवारीवरून काड तसेच ठेवून पेरणी करण्याची यंत्रे विकसित होण्यापूर्वी हवेचे किती प्रदूषण होत असेल आणि नंतर त्यात काय सुधारणा झाली याचा थोडासा अंदाज येऊ शकेल.

शेतकरी– शास्त्रज्ञ समन्वय महत्त्वाचा

तंत्रे विकसित करत असता ती शेतकऱ्याभिमुख असली पाहिजेत, तरच ती मोठ्या प्रमाणात स्वीकारली जातात. प्रयोगशाळा व संशोधन केंद्राच्या चार भिंतीत तंत्र सिद्ध न करता शेतकऱ्यांच्या शेतात ते सिद्ध झाले पाहिजे. शेतकऱ्यात ते लोकप्रिय झाले पाहिजे. तसे होत नसल्यास त्यातील त्रुटींचा अभ्यास व त्यावरील मार्ग शोधणे गरजेचे ठरते. यासाठी शास्त्रज्ञ व शेतकऱ्यात समन्वय असावा लागतो. शेतीशास्त्र सांगते, की शेतकऱ्यांच्या अडचणी शेतकऱ्यांच्या तोंडून शास्त्रज्ञांपर्यंत कधीच येऊ शकणार नाहीत. त्या शोधण्यासाठी शास्त्रज्ञांनी दीर्घ काळ शेतकऱ्यांत मिसळून त्या शोधून काढणे गरजेचे असते.

केवळ शेतकरी मेळाव्यातून काही तासापुरता होणारा सत्संग पुरेसा नाही. आपल्याकडे माती परीक्षण या तंत्राचा विस्तार सात दशके, जिवाणू खते या तंत्राच्या विस्तार चार दशके व सेंद्रिय शेती तंत्राचा विस्तार दोन दशके चालू आहे, परंतु ही तंत्रे शेतकऱ्यात लोकप्रिय होताना दिसत नाहीत. नवीन तंत्राचा अंगीकार शेतकरी सहजासहजी करीत नाहीत, शेतकरी परंपराप्रिय आहेत अशी शेतकऱ्यावर नेहमीच टीका होत असते. शेतकऱ्यात जागृती वाढली आहे. त्याच्या फायद्याचे तंत्र स्वीकारण्यात व त्याचा जलद गतीने विस्तार होण्यात शेतकरी समाज कमी पडत नाही हे गहू - भात अभियानातील शून्य मशागत तंत्राने दाखवून दिले आहे.

काड हे उत्तम तणनियंत्रक म्हणून काम करते. काडाच्या आच्छादनामुळे पुढील पिकाला तणांचा त्रास कमी होतो. शेतकऱ्यांच्या तणनाशके फवारणीच्या आणि निंदणीच्या खर्चात बचत होते. जमिनीच्या तापमानाचे नियंत्रण केले जाते. सूर्याचे ऊन थेट जमिनीवर न पडल्याने दुपारच्या वेळी जमीन जी मोठ्या प्रमाणावर तापते त्यावर आपोआपच नियंत्रण येते. याचाच परिणाम म्हणून जमिनीतून बाष्पीभवन रूपाने ओलावा निघून जाण्याचे प्रमाण कमी होते. पंजाब-हरियाणात गव्हाचे काड प्रामुख्याने जनावरांना वैरण म्हणून वापरले जाते. प्रत्येक घरात हे काड वर्षभर सुरक्षित ठेवण्यासाठी स्वतंत्र खोली असते. म्हैसपालन हा तेथील शेतीइतकाच मुख्य व्यवसाय आहे. यंत्राने मळणी करीत असता काड रानातच विखरून पडल्याने वैरणीचा प्रश्न निर्माण होऊ शकतो. हे काड काही प्रमाणात वैरणीसाठी गोळा केले जाते. गव्हात वैरणीसाठी मक्याचे मिश्र पीकही घेतले जाते.

अन्नद्रव्याच्या कार्यक्षम वापराबाबत अनेक निरीक्षणे नोंदवण्यात आली आहेत. मशागत क्रांतीत आच्छादन रूपात काड जमिनीवर कुजते. त्यातून जमिनीला मोठ्या प्रमाणावर सेंद्रिय कर्ब प्राप्त होतो. दिलेल्या रासायनिक खताचा जास्त कार्यक्षम वापर होण्यासाठी सेंद्रिय कर्बाबरोबर जमिनीच्या वाढलेल्या जलधारण शक्तीचाही महत्त्वाचा सहभाग असतो. कमी व जास्त पावसाच्या वर्षांनुसार उत्पादनाचा आलेख पूर्वी खूप वर-खाली होत असे. या तंत्राने हा चढ-उतार कमी झाल्याची नोंद आहे.

काड आहे बहुमोल

शास्त्रज्ञांच्या अहवालात १५० दशलक्ष. टन काड जाळल्यामुळे अंदाजे किती किलो कार्बन मोनॉक्साईड, कार्बनडायऑक्साईड, सल्फरडाय-ऑक्साईड व राख होईल आणि त्यामुळे हवेचे किती प्रदूषण होईल याचा हिशेब मांडला आहे. मी भू-सूक्ष्म जीवशास्त्राचा विद्यार्थी असल्याने माझा याकडे बघण्याचा दृष्टिकोन पूर्णपणे भिन्न आहे. आधी गहू-भाताचे काड जाळले जात होते. पण रब्बी हंगामाचा वेध लागल्यावर आपल्याकडील शेतकऱ्यांना खरीप उडीद, मूग, सोयाबीनचे काड जाळून गहू, हरभरा, करडई वगैरे रब्बी पिके पेरण्यासाठी जमिनीची पूर्वमशागत करायची असते. त्यानंतर महिन्याभरात साखर कारखाने सुरू होतात व राज्यात या क्षेत्रात फिरत असता पाचट पेटविलेले सर्वत्र पाहावयास मिळते. कापूस, तुरीचे काड जळण म्हणून जाळले जाते, अगर आता वीज निर्माण केंद्रावर नेऊन विकले जाते. राज्यातील बहुतेक साखर कारखान्यांवर सहनिर्मिती प्रकल्प उभे राहत आहेत. वनस्पतींमध्ये प्रकाश विश्लेषण क्रियेद्वारे साठवल्या गेलेल्या कार्बनचा काही भाग अशा प्रकारे काही मिनिटांत जळून जातो; तर काही भाग वायुरूपात हवेत जातो आणि राख जमिनीवर राहते. हा निसर्गनियम नाही.

खोडकी आणि मुळ्या कुजवा

पाचट कुजवल्यानंतर उसाची खोडकी, मुळांचे जाळे जागेलाच कसे कुजवता येईल याबाबत माझा अभ्यास सुरू झाला. फक्त खोडवे अजिबात न नांगरता पुढील पीक घेण्याचे तंत्र विकसित झाल्यासच खोडकी व मुळांचे खत जागेला मिळेल हे लक्षात आले. सन २००५ पासून नांगरणीशिवाय शेती तंत्र चालू झाले. त्यातून संवर्धित शेतीची सुरुवात झाली. पुढे असे लक्षात आले, की पाचटापासून तयार होणाऱ्या खतापेक्षा खोडकी व मुळ्यांपासून तयार झालेले खत कित्येक पटीनी चांगले आहे. या खतामुळे उत्पादनात चांगली वाढ मिळू शकते. याची शास्त्रीय कारणे शोधण्याचा प्रयत्न केला असता असे लक्षात आले, की कोणत्याही वनस्पतीच्या पानांत सर्वांत कमी शक्ती असते. पानांपासून बुडख्याकडे जाल तशी शक्ती वाढत जाते. सर्वांत जास्त शक्ती बुडखे आणि मुळांत असते. जमिनीच्या शाश्वत सुपीकतेसाठी बुडखे आणि मुळांचे खत होणे ही सर्वांत महत्त्वाची गोष्ट आहे. मी आता भात पीक जमिनीपासून आठ ते दहा सें.मी.वरून कापतो. झेंडू पीक संपल्यानंतर उपटून दुसरीकडे टाकत होतो, ते बंद करून जागेलाच वाळू देतो. पॉवर टिलरचा रोटाव्हेटर फक्त झाडात फिरवून त्याच्या भुग्याचे वर आच्छादन, तर जमिनीखाली मुळे तशीच राहू देतो. पुढे एक झेंडूचे पीक पावसाळ्याच्या सुरुवातीला संपले. ते वाळणे शक्य नव्हते. ते उपटून न काढता २५ ते ३० सें.मी.वरून कापून पुढील पिकाची पेरणी केली. झेंडूचे बुडखे आणि मुळ्या जागेलाच कुजवल्या. पुढे त्यातच फुलकोबीचे पीक नांगरणी न करताच लावले. भाजीसाठी गड्डे विकले. त्याची पाने, बुडखे आणि मुळे खत करण्यासाठी जागेलाच तसेच ठेवले. यानंतर खाली १५० सें.मी. आणि वर १२० सें.मी. आकाराचा गादी वाफा करून त्यावर ठिबकच्या दोन नळ्या अंथरल्या. अशी गादीवाफ्याची रचना केल्यानंतर या रचनेवर एक पिकानंतर पुढील पीक घेत असता नांगरणीची अजिबात गरज नाही. कोणतेही पीक गादीवाफ्यावर उत्तम प्रकारे घेता येते. पालापाचोळा, बुडख्या आणि मुळ्या जागेलाच कुजवल्यास जमिनीची सुपीकता उत्तम प्रकारे सांभाळली जाते, हे लक्षात आले.

निसर्गनियमाप्रमाणे पिकाच्या अवशेषाची वाटचाल झाली पाहिजे यावर चिंतन होणे गरजेचे आहे. हवेतील कर्ब वायू घेऊन वनस्पती त्यापासून कर्बोदके, प्रथिने, तेल यांसारखे पदार्थ बियांत तयार करतात, तर सेल्युलोज, हेमी सेल्युलोज, लिग्निन असे काडात रूपांतर करतात. सूर्यापासून मिळणारी उष्णता वापरून हे परिवर्तन झालेले असते. हे ऊर्जेचे स्रोत वनस्पतींनी प्राणी जगताच्या जगण्यासाठी ऊर्जास्रोत म्हणून बनविलेले असतात. या शक्तीतून प्राणी आपले जीवन जगतात.

कर्ब चक्र हे ऊर्जा चक्र

कर्ब चक्र म्हणजे हे ऊर्जा चक्रच असते. विविध प्राण्यांनी ही ऊर्जा वापरून शेवटी परत त्याचे कार्बन- डाय- ऑक्साईड, सल्फर- डाय- ऑक्साईड आणि राखेतच रूपांतर होणार असते. मनुष्य प्राण्याने स्वतःसाठी व त्याने पाळलेल्या इतर प्राण्यांसाठीचे ऊर्जा स्रोत साठवल्यावर उरलेले काड हे जमिनीतील सूक्ष्मजीवांचे अन्न असते. त्यांना गरज असणाऱ्या या ऊर्जा स्रोताची राख केल्यामुळे जमिनीतील जिवाणू, ॲक्टीनोमायसिटस व बुरशी हे सूक्ष्मजीव; तर डोळ्यांना दिसणाऱ्या अनेक किडा-मुंगी यांचे जीवन यातून धोक्यात येते. रानात प्रचंड जाळ होतो, उष्णता हवेत निघून जाते. ही उष्णता या प्राण्यांकरवी जर जमिनीत मुरवली गेली तर जमीन शक्तिमान बनते. या शक्तीच्या जिवावरच पुढील पिके वाढत असतात. सजीवांचे एकूण जीवन या ऊर्जेच्या संक्रमणातच पार पडत असते. मी जमिनीची उत्तम मशागत करून बी पेरतो, खते-पाणी देतो, कीड रोगापासून संरक्षण करतो म्हणून एखाद्या पिकाचे उत्पादन मिळते, अशी जर शेतकऱ्यांची समजूत असेल तर ती चुकीची आहे.

उत्पादन येण्यासाठी जमिनीतील सूक्ष्मजीवांचा जो सहभाग घेणे गरजेचे आहे, त्याचा अभ्यास आजपर्यंत आपण केलेलाच नाही. सूक्ष्मजीव हे शेतीतील आपले वाटेकरी आहेत. पीक उत्पादनानंतर त्यांचा योग्य वाटा त्यांना देणे गरजेचे आहे. सूक्ष्मजीवांचे पोट भरले तरच आपले पोट व खिसा भरणार आहे. काड जाळणे म्हणजे या वाटेकऱ्याला शेतीतून उडवण्यासारखेच आहे. आपण मोठ्या भक्तिभावाने शेणखत, कंपोस्ट शेतात मिसळत असतो. पीक चांगले येण्यासाठी

आपला प्रयत्न असतो. प्रत्यक्षात ते पिकासाठी नसून सूक्ष्मजीवासाठी असते. सूक्ष्म जीवशास्त्राचा अभ्यास केला जात नसल्यामुळे हा फरक आपल्या ध्यानात येत नाही.

निसर्ग हा मोठा सहनशील आहे. आजपर्यंत त्याने आपले अपराध पोटात घातले. आपण या मर्यादेचे उल्लंघन करत चाललो आहोत. काड जाळून कार्बनडायऑक्साईड, सल्फरडायऑक्साईड व राख आपण वातावरणात सोडून देतो. त्याचे रसायनशास्त्रीय पृथक्करण हा याचाच आरसा आहे. यामुळे होणाऱ्या सूक्ष्मजीवशास्त्रीय नुकसानीचे विश्लेषण होणे गरजेचे आहे. काड जाळल्यामुळे सूक्ष्मजीवावर होणाऱ्या परिणामाविषयी अनेक लेखांतून उल्लेख आहेत, परंतु ते फार अपुरे आहेत. जमिनीची सुपीकता व पिकांचे पोषण या संबंधी सूक्ष्म जीवशास्त्राचा अभ्यास खूप गरजेचा आहे.

मक्याच्या शेतात लावलेला गहू. मागील वर्षीच्या पिकांचे अवशेष तसेच ठेवून योग्य तेवढ्याच रुंदीच्या, खोलीच्या रेघा मारल्या जातात. त्यामध्ये बियाण्याची पेरणी केली जाते.

प्रकरण १६

संवर्धित शेती तंत्राची वाटचाल

सर्व पिकांसाठी आणि सर्व प्रकारच्या जमिनीत संवर्धित शेतीमधील तंत्रज्ञान वापरता येते. भरपूर कष्ट, मशागत करून अशाश्वत असणाऱ्या शेती पद्धतीच्या तुलनेत हे तंत्र वापरणाऱ्या जगभरातील शेतकऱ्यांचा प्रत्यक्ष अनुभव लक्षात घेता उत्पादकता, पर्यावरण व अन्नसुरक्षा यासाठी संवर्धित शेती हे तंत्र जास्त सरस ठरण्यास निश्चितच भरपूर वाव आहे.

चौथ्या संवर्धित शेती अधिवेशनात संवर्धित शेती तंत्राची वाटचाल स्पष्ट करणारा शोधनिबंध 'अन्न व शेती संघटनेचे रॉल्फ डर्पच् व थिओडोर फ्रेडरिच यांनी सादर केला आहे. त्यांनी मांडलेले विचार आपण सर्वांनी चिंतन करण्यासारखे आहेत. जगभरातील अनेक देशांत या तंत्राचा अवलंब केला जातो. हे तंत्र वापरण्याचे अनेक प्रकार त्यांनी सादर केले आहेत. एका वर्षात एका हंगामात संवर्धित; तर दुसऱ्या हंगामात मशागत करून शेती, एक वर्ष संवर्धित; तर दुसऱ्या वर्षी मशागत, तर काही ठिकाणी हे तंत्र स्वीकारले गेल्यानंतर कायमची मशागत बंद करूनच शेती करणारे क्षेत्र, असे विविध प्रयोग त्यांनी मांडले. सर्वेक्षणात या तज्ज्ञांनी फक्त तिसऱ्या प्रकाराने शेती करणारे क्षेत्रच विचारात घेतले आहे. त्याचप्रमाणे जगभरातील किमान एक लाख हेक्टर क्षेत्रात अशा प्रकाराने शेती करीत असलेल्या देशांचा सर्वेक्षणात समावेश केलेला आहे. पहिल्या दोन प्रकारांतील व मर्यादित क्षेत्र असणाऱ्या देशांतील क्षेत्र विचारात घेतल्यास संवर्धित शेतीखालील आकडा खूपच वाढू शकेल.

अशी आहे संवर्धित शेती

फिलिप्स व यंग (१९७३) या शास्त्रज्ञांनी तयार केलेली संवर्धित शेतीची व्याख्या सर्वसाधारणपणे मान्य केली जाते. ज्यावेळी पिकाची लागवड अगर पेरणी मशागत न केलेल्या रानातच केली जाते. बियांची पेरणी करण्यासाठी फक्त गरजेइतक्या रुंदी व खोलीचे चर पाडले जात होते, त्या करवी बी मातीआड होईल. नांगरणी कायमची बंद असली पाहिजे. जिवंत वनस्पती (हिरवळीचे खत) अगर पिकाच्या अवशेषाने जमीन कायमची आच्छादित असली पाहिजे. अन्न व शेती संघटनेने केलेली व्याख्या आणि या तज्ज्ञांच्या व्याख्येत बरेच साम्य आहे. वाचकांच्या निदर्शनाला एक गोष्ट आणणे

खंडनिहाय क्षेत्र व त्याची एकूण क्षेत्राच्या तुलनेत टक्केवारी			
क्र.	खंड	क्षेत्र (हेक्टर)	टक्केवारी
१	दक्षिण अमेरिका	४९,५७९,०००	४६.८
२	उत्तर अमेरिका	४०,०७४,०००	३७.८
३	ऑस्ट्रेलिया व न्यूझीलंड	१२,१६२,०००	११.५
४	आशिया	२,५३०,०००	२.३
५	युरोप	१,१५०,०००	१.१
६	आफ्रिका	०,३६८,०००	०.३
	एकूण	१०५,८८३,०००	१००%

गरजेचे आहे, की जागतिक पातळीवर ही व्याख्या १९७३ मध्ये केली गेली आहे. याचा अर्थ या तंत्राच्या वापराला त्यापूर्वी अनेक वर्षे सुरुवात झाली असली पाहिजे. उत्तर भारतात प्रामुख्याने मशागतीच्या कामात अडकल्यामुळे गव्हाच्या पेरणीला होणारा उशीर व केवळ त्यामुळे होणारी उत्पादनातील घट यासाठी संवर्धित शेती प्रामुख्याने स्वीकारली गेली. ज्या भौगोलिक क्षेत्रात हा प्रश्न नाही, त्या क्षेत्रातील तज्ज्ञांनी या तंत्राविषयी उदासीनता दाखवली आहे.

लहान अवजारे उपलब्ध व्हावीत

लेखातील चौकटींचा अभ्यास केल्यास असे दिसून येते, की विकसित देशांच्या तुलनेत विकसनशील देशांनीच या तंत्राचा जास्त अवलंब केला आहे. या दृष्टीने आपली वाटचाल विकसनाकडे चालू आहे, ही आनंदाची बाब आहे. जागतिकीकरणात अनेक नवीन परदेशी ट्रॅक्टर कंपन्यांचे आगमन आपल्याकडे झाले, पण मशागत न करता काडात थेट पेरणी करणारी स्वयंचलित, बैलाने ओढावयाची व हाताने चालवावयाची लहान यंत्रे आपल्याकडे येऊ शकली नाहीत. भारतात २००८ मध्ये संवर्धित शेतीचे चौथे अधिवेशन होऊनही अशी अवजारे विकसित झाल्याची माहिती शेतकऱ्यांपर्यंत पोचू शकलेली नाही. पंजाबातून दरवर्षी मोठ्या प्रमाणावर महाराष्ट्रात मळणी यंत्रे येतात व परत जातात. परंतु काडात पेरणी करणारे यंत्र मात्र आल्याची नोंद नाही.

तज्ज्ञांचा अभ्यास :

संवर्धित शेतीचे तंत्र सर्वव्यापी आहे. ध्रुव प्रदेशातील अति थंड प्रदेशापासून विषुववृत्तांजवळील उष्ण कटिबंधापर्यंतच्या कोणत्याही हवामानाच्या कोणत्याही पीक पद्धतीसाठी ते तितकेच उपयुक्त आहे. समुद्रसपाटीपासून ३००० मी. उंचीपर्यंत व २५० मि.मी. पासून ३०००-५००० मि.मी. पर्यंत पडणाऱ्या पावसाच्या प्रदेशातही या पद्धतीने शाश्वत शेती करता येते. भौगोलिक विविधतेची त्यांनी दिलेली उदाहरणे अभ्यासण्यासारखी आहेत. आर्क्टिक समुद्राजवळील फिनलंड (ध्रुव प्रदेश), विषुववृत्ताजवळील केनिया, युगांडा, ते ५० अंश दक्षिण अक्षांशातील मालविनास तथा फॉकलंड बेटे, समुद्रसपाटीपासून ३००० मी. उंचीवरील बोलिव्हिया कोलंबिया, प्रखर कोरडा प्रदेश (आपल्या भाषेत अवर्षणप्रवण भाग), दक्षिण ऑस्ट्रेलिया (२५० मि.मी. पाऊस) ते २००० मि.मी. पर्यंत पाऊस (ब्राझील), ३००० मि.मी. पाऊस (चिली) अशा सर्व भागांत हे तंत्र अल्पभूधारक शेतकऱ्यांपासून मोठे क्षेत्र असलेल्या शेतकऱ्यांपर्यंत सर्वांकडून अवलंबिले जाते. चीन, झांबिया ते शेकडो हेक्टर क्षेत्रधारक शेतकरी उदा. ऑस्ट्रेलिया, ब्राझील, अमेरिका, कझाकस्तान. ९०% वालुकामय जमीन असणारा ऑस्ट्रेलियातील भाग अगर ८०% पोयटा असणारी ॲमेझॉन खोऱ्यातील ब्राझीलची जमीन, चिबड जमिनीपासून वाळून मोठ्या प्रमाणावर भेगा पडणारी जमीन, अशा कोणत्याही परिस्थितीत वापरण्यायोग्य असे हे तंत्र आहे. संवर्धित शेतीमधील तज्ज्ञ म्हणतात, की या तंत्राने पिकवता येणार नाही,

असे कोणतेच क्षेत्र अगर पीक नाही. तरीही काही अडसर येत असल्यामुळे या तंत्रापासून बरेच क्षेत्र आजही वंचित आहे. भरपूर कष्ट, मशागत करून अशाश्वत असणाऱ्या शेती पद्धतीच्या तुलनेत हे तंत्र वापरणाऱ्या जगभरातील शेतकऱ्यांचा प्रत्यक्ष अनुभव लक्षात घेता शेतजमिनीची, उत्पादकता, पर्यावरण व अन्नसुरक्षा यासाठी हे तंत्र जास्त सरस ठरण्यास निश्चितच भरपूर वाव आहे.

संवर्धित शेतीबद्दल शेतकऱ्यांच्या अडचणी :

१) नांगरणी न करता नेमकी शेती कशी करावयाची याविषयीची माहिती उपलब्ध नसणे.

२) माहिती उपलब्ध झाली तरीही शेतकऱ्यांची मानसिक तयारी न होणे अगर धोका न पत्करण्याची प्रवृत्ती.

३) हे तंत्र वापरण्यासाठी लागणाऱ्या योग्य यंत्राची उपलब्धता नसणे.

४) अशा तंत्राच्या प्रसारासाठी योग्य राजकीय धोरणे न आखणे अगर अनुदान उपलब्ध न करणे.

५) शेतकऱ्यांच्या उदासीनतेच्या जोडीला शेती शास्त्रज्ञ, तंत्रज्ञ, विद्यापीठ पातळीवरील प्राध्यापक, राजकीय पुढारी, विस्तार कार्यकर्ते, कृषिविषयक यंत्रसामग्री निर्माण करणारे कारखानदार यांचा योग्य सहभाग नसणे, अगर या क्षेत्रातील सर्जनशीलतेचा अभाव.

ब्राझीलमधील संवर्धित शेती

संवर्धित शेतीचे तंत्र सर्वांत प्रथम वापरणारा देश हा ब्राझील आहे. १९७२ मध्ये या देशात या तंत्राच्या वापराला सुरुवात झाली. १९९३-९४ मध्ये तीन दशलक्ष हेक्टर वरून २००५-६ पर्यंत २५.५ दशलक्ष हेक्टरपर्यंत वाढ झाली. या देशात शून्य मशागत करणाऱ्या शेतकऱ्यांचा संघ आहे. सातत्याने मोठ्या प्रमाणात संवर्धित शेती वाढण्यामागे तेथील उद्योजकांनी या तंत्रासाठी खास करून निर्माण केलेल्या अवजारांच्या निर्मितीचे कारण दाखवले जाते. ब्राझीलमध्ये उद्योजक ट्रॅक्टर, जनावरे व मानवचलित अवजारांचे उत्पादन करतात. लहानापासून मोठ्या शेतकऱ्यापर्यंत सर्वांना त्याचा वापर करणे शक्य होते. आजमितीस एक लाख लहान शेतकरी या तंत्राने शेती करत आहेत. त्यांनी निर्माण केलेली मशागत न करता थेट पेरणीची यंत्रे जगभरातील अनेक विकसित व विकसनशील देशांत मोठ्या प्रमाणात निर्यात केली जातात. ही निर्यात वाढवण्यात अन्न आणि कृषी संघटना तेथील उद्योजकांना मदत करत आहे. दि ब्राझीलियन फेडरेशन ऑफ नो-टिल फार्मर्स (FEBRAPD) आज शेतकऱ्यांची रीतसर नोंदणी करून त्यांना भविष्यात कार्बन क्रेडिट मिळवून देण्याच्या तयारीत आहे. ब्राझीलमधील या तंत्राच्या प्रगतीकडे आकर्षित होऊन त्याच्यानंतर दहा वर्षांनी अमेरिकेतील शेतकऱ्यांनी या तंत्राच्या वापराला सुरुवात केली. इथेनॉल निर्मितीत आज हा देश आघाडीवर आहे. उसापासून साखरेऐवजी इथेनॉल निर्मितीला प्राधान्य दिले जाते. वाहनात वापरल्या जाणाऱ्या इंधनात इथेनॉलचे प्रमाण वाढवत नेऊन खनिज इंधनाचा वापर कमी ठेवण्यासाठी तेथील वाहन उद्योग सतत संशोधन करत आहे. (नांगरणी शिवाय शेती हा त्यापैकीच एक भाग असावा.) इथेनॉल हे पुनर्निर्मितिक्षम इंधन आहे. खनिज तेलाच्या दरवाढीच्या भस्मासुराचा दणकाच असा आहे, की या तंत्राची दखल अमेरिकेलाही घेणे भाग पडले.

वेगवेगळ्या देशांतील संवर्धित शेतीखालील क्षेत्र		
क्र.	**देशाचे नाव**	**क्षेत्र(हेक्टर)२००७-०८**
१	अमेरिका	२६,५९३,०००
२	ब्राझील	२५,५०२,०००
३	अर्जेंटिना	१९,७१९,०००
४	कॅनडा	१३,४८१,०००
५	ऑस्ट्रेलिया	१२,०००,०००
६	पॅराग्वे	२,४००,०००
७	चीन	१,३३०,०००
८	कझकस्तान	१,२००,०००
६	बोलिव्हिया	७०६,०००
१०	उरुग्वे	६७२,०००
११	स्पेन	६५०,०००
१२	दक्षिण आफ्रिका	३६८,०००
१३	व्हेनेझुएला	३००,०००
१४	फ्रान्स	२००,०००
१५	फिनलंड	२००,०००
१६	चिली	१८०,०००
१७	न्यूझीलंड	१६२,०००
१८	कोलंबिया	१००,०००
१९	युक्रेन	१००,०००
२०	इतर	१,०००,०००
२१	एकूण	१०५,८६३,०००

सोयाबीनची संवर्धित शेती

प्रकरण १७
जगभरातील स्थिती

मागील लेखात ब्राझीलमधील संवर्धित शेती पद्धतीची माहिती आपण अभ्यासली. ब्राझीलच्या बरोबरीने अर्जेंटिना, उरुग्वे, अमेरिका, ऑस्ट्रेलिया तसेच आफ्रिका आणि आशियाई खंडांतील शेतकरी संवर्धित शेतीकडे वळले आहेत. याबाबतचा आढावा या लेखात घेऊ या.

ब्राझील व अर्जेंटिना या दोन आकारमानाने मोठ्या असणाऱ्या देशांनी दक्षिण अमेरिकेचा मोठा भाग व्यापला आहे. अर्जेंटिना देशात या तंत्राच्या वापराला सन १९७७च्या दरम्यान सुरुवात झाली. या मशागत क्रांतीच्या बदलाचे श्रेय चिली देशातील संवर्धित शेतीतज्ज्ञ डॉ. कार्लोस क्रोव्हॅटो, डॉ. फिलिप्स व डॉ. ग्रँट थॉमस (अमेरिका) यांनी केलेल्या मार्गदर्शनाला जाते. अर्जेंटिनामध्येही अर्जेंटिना संवर्धित शेतकऱ्यांची संघटना (AAPRESID) कार्यरत आहे. सुरुवातीच्या काळात माहितीचा अभाव, यंत्रांची व योग्य तणनाशकांची उपलब्धता नसणे यामुळे या तंत्राच्या प्रसाराचा वेग खूप मंद होता. १९९२-९३ पर्यंत या तंत्राचा वापर एक द.ल. हेक्टरपर्यंत पोचला. तंत्राच्या यशोगाथेकडे आकर्षित होऊन २००५-०६ पर्यंत हेच क्षेत्र १९.७२ द.ल. हेक्टरपर्यंत जाऊन पोचले. विशेष नोंद घेण्यासारखी गोष्ट म्हणजे एकूण राष्ट्रातील पिकाखालील असणाऱ्या जमिनीच्या हे क्षेत्र ६९% आहे. या यशोगाथेचे श्रेय वरील संघटनेने घेतलेल्या अथक परिश्रमाला जाते.

अर्जेंटिनातील कृषी अवजारे उत्पादक उद्योगांनी लहान व मोठ्या शेतकऱ्यांच्या गरजेनुरूप अवजारांचा पुरवठा केल्याची नोंद आहे. प्रामुख्याने काडात पेरणी करणारी तवा पद्धतीची पेरणीची अवजारे (डिस्क टाइप) वापरली जातात. अशी अवजारे उत्पादित करणारे बरेच कारखानदार त्या देशात आहेत. त्यातील किमान १५ उत्पादक मोठ्या प्रमाणावर अशी यंत्रे निर्यात करतात.

एकूण संवर्धित शेतीच्या ७०% जमीन ही कायमस्वरूपी नांगरणी बंद केलेल्या प्रकारातील आहे. प्रारंभीच्या काळात जिवंत आच्छादन (कव्हर क्रॉप) करण्याची प्रथा नव्हती. ही पिके मोठ्या प्रमाणावर जमिनीतील ओलावा शोषून घेत असावीत, अशी समजूत होती. अशा जिवंत आच्छादनामुळे पाणी वापराची कार्यक्षमता कित्येक पटीने वाढते असे संशोधनांती दिसून आल्यानंतर आता जिवंत आच्छादन तंत्राच्या वापराला मोठ्या प्रमाणावर सुरुवात झाली आहे. या निष्कर्षाचा वापर करण्यास भारतात फार मोठा वाव आहे. माझे काही मित्र द्राक्षात व डाळिंबात तणांचे जिवंत आच्छादन करतात. त्याचा चांगला उपयोग होत असल्याचे कळवितात.

पॅराग्वे :

दक्षिण अमेरिकेतील हा एक लहान देश आहे. नांगरणीचे हे काम तेथे जवळपास संपुष्टात आल्याचे चित्र आहे. एकूण पिकाऊ जमिनीच्या ९०% जमीन संवर्धित शेतीखाली आहे. २.४ द. ल. हेक्टर क्षेत्रात या तंत्राने शेती केली जाते. २२००० लहान शेतकरी त्याच्या ३०,००० हेक्टर क्षेत्रावर या पद्धतीने शेती करतात. हे तंत्र लोकप्रिय होण्यामागे कृषी खाते व जीटीझेड तसेच केएफडब्ल्यू या जर्मन संस्थांचे सहकार्य कारणीभूत आहे. या संस्था लहान शेतकऱ्यांना शून्य मशागतीवरील पेरणी यंत्रे विकत घेण्यास मदत करतात. शेतकऱ्यांचा आर्थिक स्तर या तंत्रामुळे उंचावल्याची नोंद दिसते.

बोलिव्हिया :

या देशात सोयाबीन व गहू ही पिके या तंत्राने पिकविली जातात. या शेतकऱ्यांची स्वतंत्र संघटना आहे. सन २००० मध्ये या तंत्राखालील क्षेत्र २,४०,००० हे. (३९%) होते, ते २००७ पर्यंत ७,०६,००० हेक्टर (७२%) पर्यंत जाऊन पोचले. प्रचलित पद्धतीत होणारी जमिनीची धूप या तंत्रात न होणे, अवर्षणप्रवण क्षेत्रात वाढणारी पाण्याची कार्यक्षमता ही लोकप्रियतेमागील प्रमुख कारणे असल्याचे सांगितले जाते.

उरुग्वे :

दक्षिण अमेरिकेतील या लहान देशात 'एयूएसएलडीफ या नावाचा संवर्धित शेती करणाऱ्या शेतकऱ्यांचा स्वतंत्र संघ आहे. २००१ मध्ये १,१९,००० हेक्टर क्षेत्र (३२%) या तंत्राखाली होते, ते २००७ पर्यंत ६,७२,००० हेक्टर (८२%) पर्यंत वाढले. या देशातील शेतीतील विशेष बाब म्हणजे ६५% जमिनी एक वर्षाच्या कराराने कसावयास घेतल्या जातात. अशा वेळी मोठ्या प्रमाणावर भांडवल गुंतवणुकीऐवजी संवर्धित शेतीकडे शेतकऱ्यांचा वाढता कल नसतो. कृषीबरोबर पशुपालनही मोठ्या प्रमाणात केले जाते. या शेतकऱ्यांना शेती व कुरणाच्या संगोपनासाठी संवर्धित शेती योग्य वाटते.

चिली :

चिलीमध्ये हे तंत्र बऱ्याच वर्षांपासून वापरात आहे. डॉ. कार्लोस क्रोव्हेटे हे या तंत्राचे जनक मानले जातात. त्यांनी संवर्धित शेतीवर अनेक पुस्तके लिहिली आहेत; मात्र त्यांच्या देशात फक्त १,८०,००० हेक्टर (३०%) क्षेत्रावर या तंत्राने शेती केली जाते. डॉ. कार्लोस क्रोव्हेटे म्हणतात, की चिली देशातील शेतकऱ्यांना आच्छादन तंत्राचे महत्त्व अजूनही समजलेले नाही. तेथे मोठ्या प्रमाणावर काड जाळण्याचीच प्रथा आहे. देशातील कृषी संस्थांचा या तंत्राकडे पाहण्याचा दृष्टिकोन उदासीनतेचा आहे. चिलीचे संवर्धित शेती तज्ज्ञ ब्राझीलमध्ये क्रांती करून दाखवतात; परंतु स्वदेशातील शेती संस्था त्याच्या विचारांचे खच्चीकरण करण्यात धन्यता मानतात ही एक शोकांतिका मानावी लागेल; असा विरोधाभास जगात अनेक ठिकाणी पाहावयास मिळतो.

दक्षिण अमेरिकेतील बहुतांश देश विकसनशील गटातील आहेत. स्पेन, पोर्तुगाल व फ्रान्स या देशांच्या पारतंत्र्यातून ते मुक्त झाले आहेत. एकूण जागतिक संवर्धित शेतीपैकी ४६.८% शेती या खंडात केली जाते. इतक्या मोठ्या प्रमाणावर हे तंत्र तिकडे कसे लोकप्रिय झाले हा संशोधनाचा विषय आहे. युरोप, अमेरिकेतील बाजारपेठांत या देशातून मोठ्या प्रमाणात कृषी उत्पादने निर्यात होतात. आपण त्यांच्याशी स्पर्धा करू शकत नाही.

आफ्रिका खंडातही संवर्धित शेतीचा प्रसार

दक्षिण आणि उत्तर अमेरिकेत मोजकेच मोठे देश आहेत, तर आफ्रिका खंडात लहान देश आहेत. दक्षिण आफ्रिका वगळता बहुतेक देश अविकसित अगर मागासलेले आहेत. मजूर स्वस्त असल्याने बाहेरून अनेक देशांतील शेतकरी तेथे जाऊन मोठ्या प्रमाणावर शेती करतात. मागील दशकातच या खंडात संवर्धित शेतीला सुरुवात झाली. रिचर्ड फाऊलर यांच्या सर्वेक्षणाप्रमाणे ३,६८,००० हेक्टर क्षेत्रावर (२००८) संवर्धित शेती केली जाते. २००५ मध्ये संवर्धित शेतीचे तिसरे अधिवेशन या खंडात नैरोबी येथे झाल्यानंतर या तंत्राच्या प्रसाराला सुरुवात झाली. जमिनीची धूप व अपुरा पाऊस हे तेथील महत्त्वाचे प्रश्न आहेत. खंडाच्या विकासासंबंधी आखलेल्या काही योजनांतून झांबिया, झिंबाब्वे व स्वाझीलँडमध्ये या तंत्राचा प्रवेश झाला आहे; तर केनिया, टांझानिया, लेसाथो, मोझांबिक आणि मालावी या देशांत काही खास योजनांतर्गत या तंत्राचा प्रसार चालू आहे. प्रामुख्याने लहान शेतकऱ्यांना या तंत्राकडे वळवण्याचे लक्ष्य असून असे एक लाख शेतकरी आज संवर्धित शेती करत आहेत. उत्तर आफ्रिका खंडापैकी मोरोक्को व ट्युनिशिया या देशांतही या तंत्राच्या प्रसाराचे काम चालू असून, १९९९ मध्ये असणारे २७ हेक्टर क्षेत्र २००७ पर्यंत ६००० हेक्टर पर्यंत वाढले आहे. तज्ज्ञांचे म्हणणे आहे, की या खंडात तंत्राच्या प्रसाराला अतिशय अनुकूल परिस्थिती आहे.

इतर खंडांच्या तुलनेत या खंडातील वाटचाल अतिशय संथ गतीने चालू असली तरी या खंडातील शेती व शेतीच्या प्रश्नाबाबतची प्रगती समाधानकारक मानवी लागेल. या खंडातील स्थिती वाचकांसमोर ठेवण्याचे कारण म्हणजे अतिप्रगत देशातील प्रगतीच्या आलेखांचा सतत अभ्यास करण्याची आपल्याकडे जास्त मानसिकता असते.

अमेरिका : उत्तर अमेरिका खंडात अमेरिका, कॅनडा हे प्रमुख देश आहेत. संवर्धित शेतीचे सर्वांत जास्त क्षेत्र अमेरिकेत आहे. २००५ च्या सर्वेक्षणाप्रमाणे १० ते १२% क्षेत्र या तंत्राखाली होते, ते २३%पर्यंत वाढले. असे असूनही मोठ्या प्रमाणावरील शेतकरी प्रचलित पद्धतीनेच शेती करणे पसंत करतात. १९९४ मध्ये १५.७ द.ल. हेक्टरवरून २००७ मध्ये २६.५ द.ल. हेक्टरपर्यंत झालेली वाढ संथ असल्याचे दिसून येते

कॅनडा : कॅनडात दर चार वर्षांनी शेतीचे सर्वेक्षण करण्यात येते. २००० मध्ये ८.८ द.ल. हेक्टर असणारे क्षेत्र २००६ पर्यंत १३.४८ द.ल. हेक्टरवर जाऊन पोचले. याचा अर्थ प्रति वर्ष सरासरी ७ लाख ८० हजार हेक्टरने वाढ होत राहिली.

ऑस्ट्रेलिया : या देशात १२ द.ल. हेक्टरवर संवर्धित शेती केली जाते. या तंत्रातील शेतीच्या टक्केवारीत २४ ते ८६ टक्क्यांपर्यंत विभागवार फरक आहे.

न्यूझीलंड : शून्य मशागतीतून गवती कुरणे विकसित करण्याचे काम जगात सर्वप्रथम या देशात झाले. १९९५ मध्ये या तंत्रात असणारे ४% क्षेत्र २००८ पर्यंत २५%पर्यंत वाढले. ते अंदाजे १,६०,००० हे. पर्यंत जाते. संवर्धित शेतीसाठी सरकार अनुदान देत नाही.

शून्य मशागतीसाठी अमेरिकेत विविध प्रकारची यंत्रे विकसित करण्यात आली आहेत.

आफ्रिकी देशांतील शेतीमध्ये महिलांचे मोठे योगदान आहे.

प्रकरण १८
आफ्रिकी देशांतील संवर्धित शेती

आफ्रिका खंडातील सहारा वाळवंटानजीक असणाऱ्या इथिओपिया, मालावी, युगांडा, टांझानिया या देशांतील शेती विकास आणि शेतकऱ्यांचे कष्ट कमी करण्यासाठी संवर्धित शेतीचे प्रयोग झाले. संवर्धित शेतीच्या चौथ्या अधिवेशनात जोसेफ कायझेल, अमायले बर्गर (इटली), ब्रायन सिम्स (इंग्लंड) व टॉम ॲपीना (केनिया) यांनी आफ्रिकेतील संवर्धित शेतीचा आढावा घेतला. त्यांच्या शोधनिबंधांतील महत्त्वाच्या मुद्द्यांची माहिती या प्रकरणात आपण घेणार आहोत.

आफ्रिका खंडातील ८०% लोकसंख्या शेतीवर अवलंबून आहे, तर सकल राष्ट्रीय उत्पन्नात शेतीचा वाटा ३५% आहे. शेतकरी समाजात कमालीचे दारिद्र्य आहे. जमिनीची घटती उत्पादकता, अपुरी प्राणिज अगर यांत्रिक शक्ती, वरचेवर पडणारा दुष्काळ, मोठ्या प्रमाणात होणारे हवामानातील बदल, अशा सतत भेडसावणाऱ्या संकटांच्या मालिकेमुळे शेतकऱ्यांची क्रयशक्ती अतिशय मर्यादित आहे. या देशात अल्पभूधारकांची संख्या जास्त आहे. शेतीतून आर्थिक विकास असा मुद्दाच नसून, जीवन जगण्यासाठी शेती असा येथील प्रकार आहे. बहुतेक वर्षी मिळणारे अन्नधान्याचे उत्पादन कुटुंबाची वर्षाची गरज भागवण्यासाठी अपुरेच असते. येथील शेती प्रामुख्याने कौटुंबिक शक्ती व हात अवजारांच्या साहाय्याने केली जाते. ६५% शेती हाताच्या अवजारांद्वारे, २५% प्राण्यांची शक्ती वापरून तर फक्त १०% शेती ट्रॅक्टर सारख्या अवजारांच्या वापरातून केली जाते. हात अवजारांतून वर्षाकाठी जास्तीत जास्त एक ते १.५ हेक्टर, प्राण्यांच्या शक्तीतून चार हेक्टर, तर ट्रॅक्टरसारख्या यंत्रांच्या वापरातून आठ हेक्टरपेक्षा जास्त शेती करणे शक्य होते. कमीत कमी मनुष्यबळ लागणारी पिकेच घेतली जातात. परिणामी उत्पादन पातळी अत्यंत कमी आहे. या जोडीला इतर अनेक संकटांची मालिका आहे. शेतीमधील उत्पन्न कमी असल्याने तरुण नोकरीसाठी शहरात स्थलांतरित

होतात. यामुळे शेती करणाऱ्यांमध्ये लहान मुले व वृद्धांचा जास्त भरणा असतो. या देशातील एचआयव्ही बाधित लोकसंख्या गंभीर पातळीवर आहे. हिवतापाचे प्रमाणही भरपूर आहे. हे चित्र शेतीत राबत असलेल्या लोकांची कार्यक्षमता आजमावण्यास पुरेसे आहे. या लोकांची थोडीफार राहणारी शिल्लक औषधोपचारात संपून जाते. प्रसंगी अवजारे, जनावरे विकून डॉक्टरी खर्च भागवण्याची वेळ येते.

जागतिक संघटनांचा पुढाकार

सन १९८० ते ९० दरम्यान सरकारने ट्रॅक्टर भाड्याने देण्याची सुविधा उपलब्ध केली होती. पुढे ती बंद पडली. त्यामुळे पिकाऊ क्षेत्रात मोठ्या प्रमाणात घट झाली. यांत्रिकीकरणाअभावी शेती कष्टदायक झाली आहे. पुरुष मंडळी पूर्वमशागतीचे काम करतात. पुढील पेरणी, आंतरमशागत, कापणी, मळणीची कामे महिलांकडे असतात. यामुळे महिलांचे जीवन प्रचंड कष्टदायक बनते. जी थोडीफार अवजारे वापरली जातात, त्यातून पुरुष मंडळींच्या वाटणीच्या कामात थोडीफार सुलभता येते. महिला सर्व कामे हातांनी व हाताने चालवण्याच्या अवजारांनी करतात. या सर्व परिस्थितीचा आढावा जागतिक बँक, कृषी व अन्न संघटनेने घेतला.

शेतीतील महिलांचे कष्ट कमी करणे, मजूर व यांत्रिक शक्ती कमीत-कमी लागावी अशी शेती तंत्रे विकसित करणे, यासाठी संवर्धित शेतीची तंत्रे या भागातील शेतकऱ्यांत विस्तारित करण्यात पुढाकार घेण्याचा निर्णय वरील जागतिक संघटनांनी घेतला. कमीत कमी मशागत, शून्य मशागतीवर पेरणी करणे, हातकोळप्याने अगर हाताने निंदणी करण्याला पर्याय (काडाचे आच्छादन, तणनाशक, तणे नियंत्रण करणाऱ्या पिकांचा फेर पालट) असे संवर्धित शेतीचे काही मार्ग यासाठी निवडण्यात आले. या बदलामुळे मजूर वापरात कशी बचत झाली याचे सर्वेक्षण बिशप व सँडब्रूक (२००४) यांनी केले आहे.

शेजारील चौकटीवरून असे दिसते की, प्रत्येक कामातील वेळ व शक्तीत बचत झाली आहे. जॅब प्लँटर हे अवजार हाताने चालवावयाचे असून, त्यातून मनुष्यबळाच्या साहाय्याने काडात थेट पेरणी करता येते. कापूस व तूर यांसह लांब अंतरावरील पिकाची पेरणी करण्यासाठी लहान शेतकऱ्यांना ते उपयुक्त ठरू शकेल. काडात थेट पेरणी केल्याने तणांचा प्रादुर्भाव काही प्रमाणात कमी होतो. या बदलातून महिलांच्या कष्टात मोठ्या प्रमाणात बचत झाली असून त्यांचे काम सुसह्य झाले आहे. बदलाने उत्पादनात लगेच मोठ्या प्रमाणावर वाढ झाल्याची नोंद नाही; मात्र तीन वर्षांनंतर उत्पादनात वाढ व तण नियंत्रण प्रश्नाची तीव्रता कमी झाल्याची नोंद आहे. काही प्रमाणात ही यशोगाथा तयार होऊ शकली, तरीही या बदलापुढे असणाऱ्या काही अडथळ्यांचीही नोंद सर्वेक्षणात घेण्यात आली आहे.

निरीक्षणातील नोंदी : तांत्रिक अडचणी

शेतीबरोबरच पशुपालन केले जाते. यामुळे काड वैरणीसाठी वापरल्याने जमिनीवर काडाचे आच्छादन गरजेइतके होऊ शकत नाही. एखाद्याने आच्छादन राखल्यास कापणीनंतर शिवारात चरण्यासाठी मोकाट जनावरे सोडून देण्यामुळे काडाच्या

कामातील वेळेचा तुलनात्मक तक्ता

		लागणारा वेळ तास/ हेक्टर	
	कामाचे स्वरूप	प्रचलित पद्धत	संवर्धित शेती
१	पेरणीपूर्व जमीन साफ करणे	हाताने तोडून कापून सफाई ११५	हाताने व एक तणनाशकाचा फवारा ५२
२	पूर्वमशागत व पेरणी	हातकोळप्याने उकरून १२०	जॅब प्लँटर अवजाराने ४७
३	निंदणी/ भांगलणी	कोळपे व हात अवजाराने १७२	कोळपे व हात अवजाराने ५४
	एकूण	**४०७**	**१५३**

शाश्वत शेती व ग्रामीण विकास योजना

दक्षिण अमेरिका खंडातील यशोगाथेची तुलना जशीच्या तशी (टक्केवारीत मोजणे) आफ्रिका खंडाशी करणे योग्य होणार नाही, असे म्हणणे अभ्यासकांनी मांडले आहे. आर्थिक पाठबळ, माहिती, ज्ञान विस्तार, शेती अवजारे उत्पादक, यांत्रिक शक्तीची उपलब्धता, कृषी उत्पन्न बाजार सुविधा, शेतकऱ्यांचे आरोग्य अशा अनेक मुद्द्यांवर द. अमेरिकेच्या तुलनेत आफ्रिका खूप मागे पडते. असे असले तरी या मागास समाजाला गर्तेतून वर काढणे गरजेचे आहे. यासाठी शाश्वत शेती व ग्रामीण विकास योजना या ठिकाणी राबविली गेली. जागतिक अन्न व शेती संघाने त्यासाठी पुढाकार घेतला. पहिल्या टप्प्यात ब्राझीलमधून जॅब प्लँटर हे हाताने, तर जनावराने ओढून पेरणी करण्याची अवजारे आयात करून त्यांचा पुरवठा तेथील शेतकऱ्यांना केला गेला. अवजार वापरण्याचे प्रशिक्षण देण्यात आले. याचप्रमाणे हाताने व जनावरांनी ओढून चालणारी तणनाशक फवारणीची यंत्रेही आयात करून उपलब्ध करून देणे व स्थानिक पातळीवर तयार करणे ही कामे हाती घेण्यात आली. झांबिया देशातील कारागिरांनी तणनाशक वापरण्याचे यंत्र विकसित केले, ते शेतकऱ्यांत चांगलेच लोकप्रिय झाले. तणनाशकाची फवारणी व न नांगरता थेट काडात पेरणी यावर मोठ्या प्रमाणात प्रात्यक्षिके आयोजित करण्यात आली. दुसऱ्या टप्प्यात ब्राझीलमध्ये तयार झालेले तंत्रज्ञान व आफ्रिकेतील शेतकरी यांत समन्वय साधण्यात आला. आफ्रिकेतील कृषी अवजारे तयार करणाऱ्या कारागिरांचा ब्राझीलचा दौरा आयोजित करून त्यांना प्रशिक्षण देण्यात आले. या कारागिरांनी अवजारात स्थानिक गरजांनुरूप अनेक सुधारणा करून त्याचे उत्पादन सुरू केले. या तंत्रामुळे होणारी कष्टात बचत, जमीन सुधारणा व उत्पादनात वाढ याच्या प्रत्यक्ष अनुभवातून शेतकरी हळूहळू या तंत्राकडे वळू लागला.

आच्छादनात अडचणी येतात. आच्छादनाला आग लागणे अगर पेरणीपूर्वीच्या मशागतीसाठी काड पेटवून देणे अशा अडचणी येऊ शकतात. (या प्रश्नांची व्याप्ती त्यांच्याइतकीच भारतातही आहे. १००% काड जमिनीवर ठेवण्यात अनेक अडचणी आहेत. ज्या ठिकाणी हे शक्य नाही, तिथे किमान बुडखे व मुळे असे जमिनीखालील अवशेष तरी तसेच ठेवण्याचा प्रयत्न करावा, याचाही खूप फायदा होऊ शकतो.) नांगरणी न करता पेरणी केल्यानंतर तणनाशकाचे योग्य साहाय्य न घेतल्यास तण नियंत्रण करणे जोखमीचे होऊ शकते. काही वेळा ते हाताबाहेर जाऊन पिकाचे १००% नुकसान होऊ शकते. अति लहान शेतकऱ्यांकडे तणनाशक खरेदी करणे व ते फवारण्यासाठी लागणारे पंप घेण्याचीही क्रयशक्ती असत नाही. योग्य तणनाशकाचा शोध हे संवर्धित शेतीतील एक प्रमुख संसाधन असते, असे याचसाठी म्हटले जाते. काही बहुवार्षिक प्रजाती तणनाशकालाही दाद देत नाहीत. काही वेळा पावसाळी वातावरणामुळे तणनाशकाच्या वापरावर मर्यादा येतात. एकापेक्षा जास्त वेळा फवारणी करावी लागते. योग्य तणनाशकाची निवड, द्रावणाची तीव्रता; पिकाचे नुकसान होणार नाही, फक्त तणेच मरतील यासाठी तणनाशके वापरण्याची पद्धत, यासाठी योग्य मार्गदर्शनाप्रमाणेच वैयक्तिक अभ्यास व कुशलता प्राप्त करणे गरजेचे असते.

आंतरराष्ट्रीय संवर्धित शेतीची तिसरी परिषद केनिया या देशात भरवली गेली; तर भारतातील चौथ्या परिषदेत सादर केलेल्या माहितीनुसार आफ्रिका खंडात ३,६८,००० हेक्टरांत संवर्धित शेतीचे तंत्र त्या वेळी वापरले जात होते. एकूण क्षेत्राच्या तुलनेत लगतच्या युरोप खंडातील १.१%च्या तुलनेत आफ्रिका खंडाची ०.३% संवर्धित शेती वरील सर्व परिस्थितीचा अभ्यास केल्यास निश्चितच आशादायक आहे.

आपल्या देशातही काही भाग अत्यंत सुधारित शेती करणारा, तर काही पारंपरिक पद्धतीने शेती करणारा आहे. संवर्धित शेतीचे तंत्र हिमालयाच्या पायथ्याच्या मैदानी प्रदेशातच अडकून पडले आहे. उर्वरित शेतकऱ्यांना याची माहिती मिळाली पाहिजे. सर्व बाबतीत आपली परिस्थिती चांगली असूनही, तंत्रप्रसारात आपण मागे आहोत.

जगभरात शून्य मशागत तंत्रज्ञानाचा वापर वाढतो आहे.

प्रकरण १९
मेक्सिकोतील अनुभव

संवर्धित शेतीच्या चौथ्या आंतरराष्ट्रीय परिषदेत मेक्सिको देशातील सोनोरा प्रांतात गव्हाच्या शेतीत झालेल्या परिवर्तनाविषयी तेथील शास्त्रज्ञांनी आपला शोधनिबंध सादर केला. सोनोरा हे नाव पहिल्या हरितक्रांतीत आपल्याकडे मोठ्या प्रमाणावर पिकवलेल्या सोनोरा-६४ या जातीमुळे आपल्याला परिचित आहे. आपण आता दुसऱ्या हरितक्रांतीच्या उंबरठ्यावर आहोत. मेक्सिकोतील गहू पीक व्यवस्थापनाची आपल्यालाही माहिती उपयोगी ठरेल.

मेक्सिकोतील सोनोरा प्रांताचे हवामान साधारण वाळवंटी असून, स्वच्छ ऊन, कोरडी हवा व पावसाची प्रति वर्ष सरासरी ३८१ मि.मी. इतकी आहे. या विभागात २,५५,००० हेक्टरवर बागायत गव्हाची शेती केली जाते. १९४०च्या सुमारास आंतरराष्ट्रीय कीर्तीचे शास्त्रज्ञ डॉ. नॉर्मन बोरलॉग यांनी गव्हाच्या जातीत सुधारणा करण्याचे काम या विभागात सुरू केले.

प्रामुख्याने कमी उंचीच्या व पूर्वीपेक्षा जास्त उत्पादन देणाऱ्या जाती या ठिकाणी विकसित करण्यात आल्या. त्या पुढे दक्षिण आशियातील भारत व पाकिस्तान या देशांत १९६०च्या सुमाराला निर्यात केल्या गेल्या. या जातींनी पहिल्या हरितक्रांतीचा पाया रचला. मोठ्या प्रमाणावर गव्हाची आयात करावी लागणारा आपला देश अन्नधान्याबाबत स्वयंपूर्ण झाला. हा इतिहास आपल्याला सर्वांना ज्ञात आहे. सुरुवातीला पहिल्या वर्षी मोठ्या प्रमाणावर सुधारित गव्हाच्या जाती आयात करण्यात आल्या. या जातींचे बियाणे मेक्सिकोतील सोनोरा प्रांतातच तयार करण्यात आले होते. हरितक्रांतीची वाटचाल पुढे आपल्याप्रमाणेच तिकडेही झाली. फक्त जास्त उत्पादन नको, जमिनीची सुपीकता टिकून राहिली पाहिजे व पर्यावरणपूरक शेतीच्या पद्धती विकसित होणे गरजेचे आहे, असे विचार पुढच्या पिढीतील शास्त्रज्ञांसमोर आले. यातून संवर्धित शेतीच्या अभ्यासाला तिकडे सुरुवात झाली. यासाठी मशागत कमी करणे, जमिनीची कमीत कमी हलवाहलवी करून पेरणी करण्याचे

तंत्र विकसित करणे, पिकाच्या उरलेल्या भागाचे आच्छादन जमिनीच्या पृष्ठभागावर राखणे, पाणी व वाऱ्यामुळे होणारी धूप थांबवणे अगर कमी करणे व पाण्याचे बाष्पीभवन रोखणे आणि तण नियंत्रण, रोग-किडींचा प्रादुर्भाव आदी संकटे कमीत कमी करण्यासाठी योग्य पिकांचा फेरपालट करणे ही पायाभूत तत्त्वे निश्चित केली गेली.

सोनोरा भागात गहू पिकवण्याच्या अनेक पद्धती प्रचलित आहेत. गहू फेकून अगर पेरून केला जातो. सपाट जमीन, सरे अगर गादी वाफ्यावरही केला जातो. दोन गादी वाफ्यांच्या मधील सरीतून पाटाने पाणी दिले जाते. पेरणीपूर्व मशागत केली जाते. त्यातून तणांचे नियंत्रण होते. या प्रचलित पद्धतीत अनेक सुधारणा पुढे करण्यात आल्या. १९८१ च्या सुमारास फक्त ६% शेतकरी गादी वाफ्यावर गव्हाची पेरणी करीत असत. सन १९९६पर्यंत ९०% शेतकरी गादीवाफा पद्धतीचा वापर करू लागले.

गव्हाची पेरणी गरजेपेक्षा प्रचंड दाट होत असे. त्यावर प्रयोग होऊन त्यातील अंतर १७ सें.मी. वरून ७० सें.मी.पर्यंत वाढवण्याची प्रात्यक्षिके राबवण्यात आली. कमीत कमी बियाण्यांचा वापर कसा करता येईल या विषयावर मोठ्या प्रमाणात प्रबोधन करण्यात आले. आपल्याकडे या विषयावर मोठ्या प्रमाणात काम होण्याची गरज आहे. भात, ज्वारी, बाजरी, मका, गहू या सर्वच धान्य पिकांतील अंतर योग्य आहे का, याचा अभ्यास होणे गरजेचे आहे. अंतराविषयी बागायत व जिरायतीसाठी वेगवेगळे प्रयोग होणे गरजेचे आहे. भात पिकात 'एसआरआय' पद्धतीचा प्रसार अनेक स्वयंसेवी संस्था करत आहेत. त्यात अंतर मात्र २५ सें.मी. च्या पुढे नेलेले नाही. रब्बी हंगामात अंतरावर थोड्या क्षेत्रावर शेतकरी बंधूंनी स्वतः प्रयोग करून पाहावेत.

गव्हाच्या कापणीनंतर काड जाळले जात असे. उन्हाळी पिकाच्या पूर्वमशागतीसाठी असे करावेच लागेल, असे शेतकरी म्हणत. पुढे गादीवाफ्यावर काडाचे आच्छादन करणे, गादीवाफे न मोडता फक्त मधील सऱ्यांची दुरुस्तीच करण्याइतपत हलवाहलवी करण्याची शिफारस करण्यात आली.

गादीवाफा पद्धतीने गहू लागवड :

संवर्धित शेती पद्धतीत एकदा असे गादीवाफे केले, की त्यांचा कायमस्वरूपी वापर (मोडून परत न

गादीवाफा तंत्राचा तुलनात्मक अभ्यास

तपशील	नांगरून गादी वाफे	कायमस्वरूपी गादी वाफे
उत्पादन कि./हे.	६२४५	६९२६
उत्पादन खर्च (मेक्सिकन पिसॉस)	६३३६	४९८५
उत्पादन किंमत(मेक्सिकन पिसॉस)	४०११	६५१२

मशागत व काड आच्छादनामुळे जमिनीवर झालेला परिणाम

मशागत/काडाचे आच्छादन	सेंद्रिय कर्ब टक्के	सोडिअम	(जमीन) जैवभारातील कार्बन	(जमीन) जैवभारातील नत्र
प्रचलित पद्धत, काड नांगरणीतून मिसळणे	१.२३	५६४	४६४	४.८८
कायमस्वरूपी गादी वाफे व काड जाळणे	१.३२	६००	४६५	४.४६
कायमस्वरूपी गादी वाफे अंशतः काडाचे आच्छादन	१.३१	४७४	५८८	६.९२
कायमस्वरूपी गादी वाफे १००% काडाचे आच्छादन	१.४३	४४६	६००	९.०६

नांगरून / कायमस्वरूपी गादी वाफे व वेगवेगळे फेरपालट	
फेरपालट	उत्पादन किलो/हे.
१) प्रचलित गादी वाफे पद्धत : गहू-पड-गहू-पड	७०००
२) कायमस्वरूपी गादी वाफे : मका-ज्वारी-गहू-पड	७९००
३) कायमस्वरूपी गादी वाफे : गहू-पड-गहू-पड	७७७५
४) कायमस्वरूपी गादी वाफे : हरभरा-मका-गहू-मका	८०५०

जमिनीची धूप टन / हे.	
१) नांगरून गादी वाफे (प्रचलित पद्धत)	०.६५
२) कायमस्वरूपी गादी वाफे (काड जाळले)	०.६२५
३) कायमस्वरूपी गादी वाफे (काड ठेवले)	०.४२५

करणे) करण्याची शिफारस आहे. इंग्रजीत याला 'पर्मनंट रेझ बेड' असे म्हणतात. यामुळे जमिनीची सुपीकता टिकून राहते, जलसंवर्धन, अन्नद्रव्य व्यवस्थापन सुधारते व उत्पादन खर्चात बचत होते. उत्पादनाचाच केवळ अभ्यास केल्यास कायमस्वरूपी गादीवाफे व प्रत्येक पिकासाठी परत-परत वाफे करणे पद्धतीत फारसा फरक नसला तरी उत्पादन खर्चाचा विचार केल्यास कायमस्वरूपी गादीवाफे पद्धतच शेतकऱ्यांसाठी फायदेशीर दिसून येते. कायमस्वरूपी गादीवाफा पद्धतीचा व प्रत्येक वेळी मशागत करून नवीन गादीवाफे तयार करण्याच्या पद्धतीचा जमिनीच्या सुपीकतेच्या दृष्टिकोनातून त्यांनी केलेला सविस्तर अभ्यास मांडला आहे. कायम गादीवाफा पद्धतीत कण रचना उत्तम प्रकारे सुधारल्याचे दिसून आली आहे. जमिनीची निचराशक्ती सुधारल्याची नोंद आहे. (याला त्यांनी इंग्रजीत 'सॉईल्स पोटेन्शिअल वॉटर फिल्टरेशन 'कॅपॅसिटी' असे नाव दिले आहे.) काडाच्या आच्छादनामुळे यात आणखी चांगली सुधारणा होत असल्याची नोंद आहे. जमिनीची धूप कमी होते, त्याचबरोबर जलधारण शक्तीत मोठ्या प्रमाणावर वाढ होते, मातीची घनता कमी होते, सेंद्रिय कर्बाच्या प्रमाणात वाढ होते, तसेच हानिकारक सोडिअमचे प्रमाण कमी होते. काही भागात क्षारतेचे

सोनोरातील संवर्धित शेती

पीक लागवडीसाठी गादीवाफा तंत्राची उपयुक्तता लक्षात घेऊन शेतकऱ्यांमध्ये संवर्धित शेतीचे तंत्र लोकप्रिय होण्यासाठी सोनोरात नियोजनपूर्वक पद्धतशीर कार्यक्रमाची आखणी केली गेली. तंत्र प्रसारात असणारी सर्वांत मोठी अडचण म्हणजे वाफे तयार करणे, पिकाच्या काढणीनंतर दुसऱ्या पिकासाठी संपूर्ण शेत न नांगरता पहिल्याप्रमाणे वाफे दुरुस्त करणे ही होती. या अडचणी लक्षात घेऊन बी व खते वाफ्यावर पेरू शकणारी यंत्रे विकसित करण्यात आली. या यंत्रांचा वापर करण्यासाठी नेहमी वापरात असलेल्या ट्रॅक्टरचे टायर उलट-सुलट करावे लागणार नाहीत अशा अंतराचे गादीवाफे तयार करण्यात आले. त्या भागात प्रचलित असणाऱ्या सर्व पिकांसाठी व सर्व कामांसाठी एकाच पेरणी अवजाराने सर्व कामे करता येतील, अशी अवजारे विकसित करण्यात आली. यामुळे शेतकऱ्यांना वेगवेगळ्या कामांसाठी कराव्या लागणाऱ्या अवजारांच्या खरेदी खर्चात मोठ्या प्रमाणावर बचत झाली. शेतकऱ्यांचे गट तयार करण्यात आले. गटामुळे विस्तारकार्य सोपे बनले. शेतकरी, प्रशासकीय अधिकारी व शास्त्रज्ञ यांनी एकत्र काम केल्याने येणाऱ्या अडचणींचा अभ्यास व त्या सोडवण्यासाठी कराव्या लागणाऱ्या सुधारणा ही कामे सुलभ झाली. या विभागातील परिवर्तनाचे वैशिष्ट्य म्हणजे परिवर्तन एकदम न करता टप्प्याटप्प्याने करण्यात आले. नवीन तंत्राबाबत शेतकऱ्यांमध्ये विश्वास निर्माण केला गेला. उत्पादनात मिळणारी शाश्वतता पाहिल्यावर शेतकऱ्यांनी चांगला प्रतिसाद दिला.

प्रश्न निर्माण झाले आहेत, त्यांच्यासाठी हा मुद्दा महत्त्वाचा आहे. वरील सर्व परिणामांचा अभ्यास दीर्घ मुदतीच्या प्रयोगात अत्यंत बारकाव्याने करून त्याची कोष्टके व आलेख शोधनिबंधात सादर करण्यात आले आहेत. दीर्घ मुदतीच्या प्रयोगात कायमस्वरूपी गादीवाफा पद्धतीत उत्पादनात वाढ होत असल्याची नोंद आहे. ही पद्धत सर्वच बाबतीत फायदेशीर दिसून येते.

हैदराबादच्या 'इक्रिसॅट' संस्थेत गादीवाफ्यावर पीक लागवडीचे प्रयोग मोठ्या प्रमाणात करण्यात आले. पाऊस प्रमाणापेक्षा जास्त झाल्यास याचा निश्चितच फायदा होतो. वाफे तयार करणारी व गादीवाफ्यावर पेरणी करणारी यंत्रेही विकसित झाली आहेत. राजगुरुनगरच्या कांदा-लसूण संशोधन केंद्रात विकसित झालेली पद्धत चांगली आहे. यामध्ये तळाला १५० सें.मी., वर १२० सें.मी. गादीवाफा व त्यावर ठिबकच्या दोन लॅटरल टाकून घेतलेले कांदा व लसणाचे पीक सपाट वाफ्यापेक्षा अगर सरी - वरंब्याच्या तुलनेत उत्तम येत असल्याने ही पद्धत शेतकऱ्यांनी अभ्यास करण्यासारखी आहे. कायमस्वरूपी गादीवाफे व काडाचे आच्छादन या दोन मुद्द्यांचा समावेश त्यांच्या प्रयोगात होणे गरजेचे वाटते. मी कायमस्वरूपी गादीवाफ्यावर प्रयोग करत आहे, यामध्ये उत्पादन चांगले मिळत असल्याचा अनुभव आहे. कांदा, लसूण, हरभरा, इतर कडधान्ये, आले, हळद यांसारखी कंदवर्गीय पिके यांत या प्रयोगाने क्रांती होऊ शकते. ठिबकची सोय असणाऱ्यांनी या तंत्रज्ञानाबाबत जरूर विचार करावा.

●

चीनमध्ये सातू, गहू यांचे बुडखे १० सेमी पर्यंत तसेच ठेवून पुढील पेरणी केली जात आहे. त्यातही उंच वाफ्याचा वापर वाढत आहे.

प्रकरण २०

चीनमधील लोकप्रियता

संवर्धित शेतीच्या यशोगाथेचा विचार करता चीन सरकारने या तंत्राच्या प्रसारामध्ये मोठ्या प्रमाणात लक्ष घातले आहे. संवर्धित शेतीत वापरल्या जाणाऱ्या अवजारांच्या खरेदीसाठी अनुदान दिले जाते. मोठ्या प्रमाणावर प्रात्यक्षिके आयोजित करणे व शेतकरी प्रशिक्षण शिबिरे भरविण्यासाठी भरीव निधीची तरतूद करण्यात येते. चिनी सरकारच्या विविध योजनांमुळे तेथील शेतकऱ्यात संवर्धित शेती लोकप्रिय होत आहे.

चीनमध्ये यलो नदीचे खोरे प्रचंड विस्ताराचे आहे. तेथे झालेल्या संवर्धित शेतीच्या परिवर्तनासंबंधी चीनमधील सहा व मेक्सिकोतील एक शास्त्रज्ञांने शोधनिबंध सादर केला आहे. चीनच्या शेतीतील उच्चांकी प्रगतीसंबंधी आपल्याकडे बरीच चर्चा चालू असते. यामुळे त्यांनी सादर केलेल्या शोधनिबंधाचा अभ्यास आवर्जून करणे गरजेचे वाटते.

हा विभाग उबदार शीतकटिबंधीय आहे. वार्षिक सरासरी तापमान १० ते १४ अंश से. असून पर्जन्यमान ६५० ते ४५० मि.मी. दरम्यान आहे. जवळपास ७५% जमीन डोंगराळ आहे तर १७% सपाट आहे. चिनी संस्कृतीचा विकास या खोऱ्यातून झाला असे मानले जाते. बहुतेक शेती कोरडवाहू असून, तीव्र उतारामुळे जमिनीची धूप हा ज्वलंत प्रश्न आहे. यामुळे सुपीकता व उत्पादकता हे मुख्य प्रश्न आपोआप जोडून येतात. शेती हेच उपजीविकेचे मुख्य साधन असल्याने शेतकऱ्यांच्या पाचवीला गरिबी पुजलेली आहे.

चीनच्या शोधनिबंधातील बाबी

आपल्याप्रमाणेच नांगरणी, कुळवणी, पाटा मारणे व कोळपणी ही पूर्व व आंतरमशागतीची कामे तिकडे चालत. पुढे सुधारित पद्धतीने शेती करण्यास सुरुवात झाली व १९८०च्या सुमारास वरील प्रश्नांबरोबर जमीन कडक बनणे व भूजल पातळी खोल खोल जाणे हे प्रश्न भेडसावू लागले. अधिवेशनात सादर झालेल्या अनेक देशोदेशीच्या शास्त्रज्ञांच्या शोध निबंधांचा अभ्यास केल्यास सुधारित शेतीने निर्माण केलेले प्रश्न जगभरात समान आहेत असे दिसते. संवर्धित शेतीवर अनेक देशांत काम चालू आहे. त्यातील बरीच कामे समान असली तरी स्थानिक परिस्थितीनुसार प्रत्येक शोध निबंधात काही वेगळी तंत्रे वापरलेली दिसतात. चीनच्या निबंधात गहू, सातू दहा सें.मी. वरून कापून त्याचे बुडखे तसेच ठेवून पुढील पिकाची पेरणी केली जाते असे लिहिले आहे. मका पीक काढल्यानंतर संपूर्ण पिकाचे यंत्राने लहान तुकडे करून शेतभर विखुरले जातात असे

भारतातील कोरडवाहू संवर्धित शेतीसंदर्भातील आढावा

भारतीय शास्त्रज्ञांनी सादर केलेल्या कोरडवाहू संवर्धित शेतीवरील शोध निबंधाचा आढावा घेऊ या. भारतातील एकूण पिकाऊ जमिनीपैकी १४२ दशलक्ष हेक्टर ८७ दशलक्ष हेक्टर कोरडवाहू आहे. एकूण उत्पादनात ५६% उत्पादन बागायत तर ४४% उत्पादन कोरडवाहू क्षेत्रातून होते. जीवनावश्यक अन्न घटकांचा विचार केल्यास ९०% धान्ये, ८७% कडधान्ये व ७४% तेलबियांचे उत्पादन कोरडवाहू क्षेत्रातून होते. अन्नसुरक्षेचा विचार केल्यास कोरडवाहू क्षेत्रातील उत्पादनात शाश्वतता आणण्यासाठी संवर्धित शेतीचे प्रयोग कोरडवाहू क्षेत्रात होणे गरजेचे असल्याचे सांगितले जाते. बागायती व कोरडवाहू क्षेत्राचे प्रश्न पूर्णपणे वेगळे आहेत. कोरडवाहू क्षेत्रातील प्रश्न धूप, जलसंवर्धन व काडाचे आच्छादन करून जमिनीतील सेंद्रिय पदार्थ वाढविणे हे आहेत. धान्ये व कडधान्याचे काड प्रामुख्याने वैरणीसाठी वापरले जात असल्याने ते आच्छादनासाठी उपलब्ध होण्यात मोठ्या प्रमाणावर अडचण येते. यासाठी पर्याय शोधण्याची गरज आहे. ज्या ठिकाणी जमिनीत खोल काड्या आहेत, त्याला मोठ्या प्रमाणावर भेगा पडतात. पहिल्या पावसाने एकदा या भेगा बुजल्या की पाणी उभे जिरण्याऐवजी आडवे वाहू लागते. अशा परिस्थितीत जलसंवर्धन अवघड बनते. इतर कारणांव्यतिरिक्त तणनियंत्रणासाठी पूर्वमशागत व आंतरमशागत करणे गरजेचे आहे. तणांची बेसुमार वाढ झाल्यास पिकाचे उत्पादन धोक्यात येऊ शकते. कमी मशागतीचा फायदा सरासरीइतके पर्जन्यमान असल्यासच मिळू शकेल, कमी अगर जास्त पाऊस झाल्यास फायदा मिळू शकणार नाही. लेखकाने काही प्रयोगातील आकडेवारी दाखवून उत्पादन पातळी संवर्धित शेतीपेक्षा प्रचलित पद्धतीच्या शेतीतच जास्त असल्याचे दाखवले आहे.

महाराष्ट्राची स्थिती

महाराष्ट्रात कोरडवाहू शेतीचे प्रमाण देशाच्या सरासरीच्या तुलनेत जास्त आहे. रब्बी हंगाम तोंडावर आहे. माझ्या दृष्टीने सर्वांत महत्त्वाची गोष्ट कोणती असेल तर जमिनीतील सेंद्रिय पदार्थांची टक्केवारी वाढवणे या प्रश्नावर खूप मोठ्या प्रमाणावर विचारमंथन होणे गरजेचे आहे. वैरणीला सोन्याचे मूल्य आल्यामुळे धान्ये व कडधान्याचे उर्वरित भाग काड म्हणून आच्छादन करणे हा विषयच संपुष्टात येतो. यंत्रामुळे जनावरांची संख्या घटत आहे. ती वाढवा अगर भरपूर शेणखताचा वापर करणे गरजेचे आहे, असा सल्ला देणे म्हणजे अशक्य गोष्ट करण्यास सांगण्यासारखे आहे. जलसंवर्धन, जमिनीखालचा कठीण थर फोडण्यासाठी दर तीन वर्षांतून खोल नांगरणी, समपातळीची नांगरणी अगर मशागत, सरी वरंबे पाडून जलसंवर्धन यातून जमिनीच्या सुपीकतेचा प्रश्न सोडवण्याचा कोणताच मार्ग शिल्लक राहत नाही. पाणी व अन्नद्रव्याबाबत तणे पिकाशी स्पर्धा करतात यामुळे जमीन तणमुक्तच असली पाहिजे हे शेतकऱ्याच्या मनात इतके ठसले आहे, की त्यासाठी वाटेल तो आटापिटा करण्यास शेतकरी तयार असतो. या पोटी जमिनीच्या सुपीकतेचे नुकसान होत आहे याची जाणीव शेतकऱ्यांना आहे; परंतु रानात तणे वाढणे ही निषिद्ध गोष्ट समजली जाते.

राज्यात खरीप पड टाकून रब्बी हंगामात ज्वारी मोठ्या प्रमाणात घेण्याची प्रथा आहे. खरीप हंगामात जमिनीत पाणी मुरू देण्यासाठी सतत पाळ्या देण्यात येतात. अशा भुसभुशीत जमिनीत पाणी मोठ्या प्रमाणावर मुरू शकते. न नांगरलेल्या जमिनीत असे पाणी मुरणार नाही असे शेतकऱ्यांचे मत असते. काही ठिकाणी पावसाळ्यात तणे वाढतात व पुढे वाफसा पाहून ही जमीन नांगरून तणे जमिनीत गाडून जमीन तयार करून रब्बी पिकाची पेरणी करण्याची प्रथा आहे. संवर्धित शेतीच्या तत्त्वाचा अभ्यास केल्यास जमीन सतत मशागत करून ठेवणे अगर शेवटी तणे जमिनीत मिसळून टाकणे या दोन्ही पद्धती चुकीच्या ठरतात. तणे वाढवणे व पावसाळ्याच्या अखेरीस तणनाशकाने मारून टाकून शून्य मशागतीवर पेरणी करणे यात अनेक अडचणी आहेत. मोठे क्षेत्र, माजलेल्या तणात शिरून फवारणी करणे व पावसाळी हंगामात तणनाशकाने वाढलेली तणे नियंत्रणात आणणे याला प्रत्यक्ष शेतात भरपूर मर्यादा पडतात. शून्य मशागतीवर पेरणी करणारी अवजारे आपल्याकडे उपलब्ध नाहीत. मनुष्यबळ टंचाईअभावी हात टोकण करणे शक्य नाही. अशा अनेक अडचणींचा सामना करीत असताना शेतकरी इच्छा असूनही प्रचलित पद्धतीकडेच नाइलाजाने वळतात.

आपल्याकडील तज्ज्ञांनी संवर्धित शेती आपल्यासाठी गरजेची नाही. असेच ठरवून टाकले आहे. खरीप पिकाच्या कापणीनंतर रब्बीसाठी मशागतीत वेळ जाणे उत्तर भारतात गव्हासाठी परवडणारे नाही म्हणून तिकडे संवर्धित शेती गरजेची आहे. आपल्याकडे मुळात हा प्रश्नच नसल्याने संवर्धित शेतीबाबत आपण का विचार करावा? अशी एक नकारात्मक मानसिकता ठरून गेली आहे. आपल्याला रब्बी पिकाच्या मशागतीसाठी एक ते दीड महिना कालावधी मिळतो. मग आरामात भरपूर मशागत करा हे सूत्र कोठे तरी बदलण्याची गरज आहे.

केवळ याच कारणासाठी संवर्धित शेती नाही. यासाठी मागील अनेक लेखांत जगभरात चालू असलेल्या संवर्धित शेतीची माहिती आपण घेतली. लहान शेतकऱ्यांसाठी हाताने पेरणी करण्याचे जॅब प्लँटर, बैलाने ओढून काडात पेरणी करणारी अगर तणनाशके फवारणीची अवजारे व मोठ्या क्षेत्रात थेट पेरणी करणारी ट्रॅक्टरचलित डबल डिस्क कॉल्टर, पंच प्लांटर/स्टार व्हील, रोटरी डिस्क ड्रील, टर्बी हॅपी सीडर यासारखी भारतात विकसित झालेली अवजारे महाराष्ट्रात येणे गरजेचे आहे. कोठे तरी सुरुवातझाल्याशिवाय या तंत्राची उपयुक्तता आजमाविता येणार नाही. एक कोटी रुपयांचे ऊस तोडणी यंत्र खरेदी करणारे शेतकरी आज महाराष्ट्रात आहेत. मग ही महागडी पेरणी यंत्रे खरेदी करण्याची क्रयशक्ती येथील शेतकऱ्यांत नाही. असे कसे म्हणता येईल? यासाठी आपल्याला आणखी अभ्यास करावा लागेल.

सांगितले आहे. २००४ पासून काडात पेरणी करणाऱ्या यंत्रांचा वापर सुरू झाला. डोंगराळ भागात काडात पेरणी करणारी खास यंत्रे विकसित करण्यात आली. काडाच्या आच्छादन व कमी मशागत अगर शून्य मशागतीमुळे जमिनीची जलधारणाशक्ती मोठ्या प्रमाणात वाढत असल्याची नोंद आहे. याचा कोरडवाहू शेतीतील पिकांना चांगला फायदा होतो अशी नोंद आहे. (आपल्याकडे विदर्भ, मराठवाड्यातील कोरडवाहू क्षेत्रासाठी हा मुद्दा विचार करण्यासारखा आहे.) संवर्धित शेतीच्या यशोगाथेचा विचार करून चीन सरकारने या तंत्राच्या प्रसारामध्ये मोठ्या प्रमाणात लक्ष घातले आहे. काही विभागात आता शून्य मशागत, काडात थेट पेरणी तंत्र ८०%पर्यंत अवलंबले जाते. जवळपास सर्वच प्रात्यक्षिकांत प्रचलित पद्धतीच्या तुलनेत संवर्धित शेतीचे उत्पादन चांगले आलेले आहे. जलसंवर्धन (पावसाच्या पाण्याचे), पाणी वापराची कार्यक्षमता, धूप, ऊर्जा व मजूर वापर अशा सर्व बाबीत हे तंत्र सरस ठरते. क्वचित जास्त पाऊस झाल्यास त्या वर्षी उत्पादन घटते; परंतु सर्वसाधारण पावसाच्या वर्षात जास्त उत्पादन मिळतेच त्याच बरोबर खर्चात बचत झाल्याने निव्वळ नफ्यात वाढ होते. यातून सर्वसाधारण शेतकरी समाजाची सर्व बाजूंनी उन्नती होत आहे.

शेतीत घडलेली क्रांती

शेतकऱ्यांचे जीवनमान सुधारण्यासाठी या विभागात संवर्धित शेतीचे विविध प्रयोग केले गेले. येथील मुख्य पिके गहू, मका, भात, बटाटा, कापूस व थोड्या प्रमाणावर भाजीपाला अशी आहेत. वर्षातून एक पीक, दोन वर्षांत तीन पिके, अगर एक वर्षांत दोन पिके अशा प्रकारे नांगरणी करून पिके घेण्याची परंपरा आहे. पाणी आणि वारा या दोन्ही कारणांनी नांगरलेल्या जमिनीची खूप मोठ्या प्रमाणावर धूप होते. प्रति वर्षी पिकाच्या काढणीनंतर अंदाजे ६०० दशलक्ष टन काड तयार होते. ते सर्व शेतातच जाळून टाकले जाते. अशा पीक काढणीच्या हंगामात या धुराने हवा भरून जाऊन पर्यावरणाचे प्रश्न निर्माण होतात. विमानतळ धुराने भरून जात असे, तर मैलोगणती हमरस्त्याचा प्रवास धुरकट हवेतून करावा लागत असे. काढणीच्या हंगामातील धुराचे हे प्रदूषण हा सरकारपुढे कायमचा डोकेदुखीचा विषय होता. वरील सर्व प्रश्न शाश्वत रूपात सोडवण्याचा मार्ग केवळ संवर्धित शेतीच्या तत्त्वातच दिसून आला. जमिनीची कमीत कमी हलवाहलव, काडाचे आच्छादन, पीक फेरपालट, यामुळे शेतकऱ्यांना त्वरित मिळणारा आर्थिक लाभ याला त्यांनी शेतीत घडलेली क्रांती असे म्हटले आहे.

पिकाबरोबर जमिनीच्या वर व खाली विविध प्रकारच्या वनस्पती वाढवल्यास ते संवर्धित शेती पद्धतीला फायदेशीर ठरते.

प्रकरण २१

संवर्धित शेतीचे तत्त्व

संवर्धित शेतीचा अर्थ शेतीत वापरल्या जाणाऱ्या वेगवेगळ्या संसाधनांचे संवर्धन करून केलेली शेती. फक्त मशागतीच्या खर्चात बचत करणे इतकाच मर्यादित अर्थ घेणे योग्य होणार नाही. रासायनिक - सेंद्रिय खत, पाणी, बी, पीक संरक्षक रसायने व सर्वांत महत्त्वाचे म्हणजे मनुष्यबळ, अशा सर्वच संसाधनांचा वापर कमी झाला पाहिजे, दुसऱ्या बाजूला उत्पादन वाढले पाहिजे. अशी ही शेतकऱ्याला मदत करणारी शेती पद्धती आहे.

संवर्धित शेतीच्या परिषदेसंबंधी साहित्याचा अभ्यास करत असताना वेगवेगळे संदर्भ सापडतात. भारतीय कृषी संशोधन परिषदेतील श्री. गौतम, श्री. शर्मा आणि श्री. बिस्त या शास्त्रज्ञांनी सादर केलेल्या शोधनिबंधातील काही माहिती शेतकऱ्यांनी चिंतन करण्यासारखी आणि प्रत्यक्ष शेतीत उपयोग करण्यासारखी आहे.

शोधनिबंध सादर करण्यामागील त्यांचा मूळ हेतू वेगळा आहे. त्यांचे म्हणणे असे आहे, की प्रचलित पद्धतीपेक्षा संवर्धित शेती करण्याच्या पद्धती पूर्णपणे वेगळ्या आहेत. यामुळे कमीत कमी मशागत पद्धतीत जुन्या काडात वाढणाऱ्या, पाण्याचा ताण सहन करणाऱ्या, काडामुळे किडींचे अवशेष राहतात, त्यांना दाद न देणाऱ्या अशा खास जाती संवर्धित शेतीसाठी निर्माण करणे गरजेचे आहे. अशा खास जातींची निर्मिती झाली तर ती निश्चितपणे या नव्या पद्धतीसाठी चांगली गोष्ट होऊ शकेल. तोपर्यंत शेतकऱ्यांनी केवळ वाचनच करत राहावयाचे का? तर असे नाही.

प्रचलित जाती वापरूनही संवर्धित शेती करता येते. त्यांचा हा मुद्दा फारसा महत्त्वाचा नाही. शास्त्रज्ञ जर आनुवंशिक शास्त्रात काम करणारा असेल, तर त्याचा दृष्टिकोन त्या शास्त्राच्या माध्यमातून होऊ शकतो. **तज्ज्ञांनी या पद्धतीला विना मशागतीची शेती म्हणू नका, यातून पूर्ण अर्थबोध होत नाही, असे म्हटले आहे.** शेतीत वापरल्या जाणाऱ्या वेगवेगळ्या संसाधनांचे संवर्धन करून केलेली शेती म्हणजे संवर्धित शेती. फक्त मशागतीच्या खर्चात

बचत करणे इतकाच मर्यादित अर्थ घेणे योग्य होणार नाही. रासायनिक - सेंद्रिय खत, पाणी, बी, पीक संरक्षक रसायने व सर्वांत महत्त्वाचे मनुष्यबळ अशा सर्वच संसाधनांचा वापर कमी झाला पाहिजे. दुसऱ्या बाजूला उत्पादन वाढले पाहिजे. अशी ही प्रत्यक्ष शेतकऱ्याला मदत करणारी शेती पद्धती आहे. याचा अभ्यास पुस्तकात व प्रत्यक्ष शेतात गेली २० वर्षे मी अनुभवत आहे. अभ्यास करत जावे तसे प्रत्येक संसाधनांच्या बचतीचे अनेक मार्ग सापडत जातात. काही मुद्द्यांना या शोधनिबंधात दुजोरा मिळतो, काही मुद्द्यांनी ज्ञानात नवीन भर पडते.

आच्छादनाचा वापर :

शोधनिबंधात आच्छादन पीक (कव्हर क्रॉप) हा विषय श्री. गौतम, श्री. शर्मा व श्री. बिस्त यांनी सविस्तर मांडला आहे. पिके वाढवत असता, त्यात इतरही वनस्पती प्रमाणात वाढवल्या पाहिजेत. मुख्य पीक अर्थार्जन अगर अन्नाची गरज भागवण्यासाठी असेल तर आच्छादन पीक जमिनीच्या सुपीकतेसाठी असेल. ज्या ठिकाणी पिकाच्या उर्वरित भागातून गरजेइतके आच्छादन करता येत नाही, त्या ठिकाणी आच्छादन पिकाचा विचार करावाच लागेल, हा त्यांचा मुद्दा चिंतन करण्यासारखा आहे. हा मुद्दा सर्वच पिकांना तितकाच लागू आहे. ज्या पिकांच्या उर्वरित भागांचा वैरण म्हणून वापर केला जातो, त्यांच्यासाठी हा मुद्दा आणखी महत्त्वाचा ठरतो. प्रचलित विचारसरणीला थोडा छेद देणारा हा विचार आहे. सतत नांगरणी, डवरणी (कोळपणी), भांगलणी, तणनाशकाची फवारणी यातून जमिनीत पिकाव्यतिरिक्त बाकी काही दिसता कामा नये, अशी आपली शेतीपद्धती आहे. पिकात तणे वाढणे हे आळशी शेतकऱ्यांचे लक्षण मानले जाते. अशा परिस्थितीत हे विचार आपल्या पचनी सहजासहजी पडणार नाही. परंतु लेखक म्हणतात, की पिकाबरोबर जमिनीच्या वर व खाली विविध प्रकारच्या वनस्पती वाढवल्यास ते संवर्धित शेती पद्धतीला फायदेशीर ठरते.

आपल्याकडे पूर्वी असणारी मिश्रपीक व काही प्रमाणात वाढणारी तणे हे वरील पद्धतीचेच रूप आहे. सुधारित शेतीत आता आपण ते विसरत चाललो आहोत. नांगरणीचे काम प्राण्याऐवजी यंत्राकडून करून घेणे सुरू झाल्यानंतर अनेक वेळा नांगरणीचा अतिरेक केला जात असल्याचे दिसून येते. आच्छादन पीक वेगळे न लावता तणांच्या वाढीला काही प्रमाणात वाव देऊन होणारा जमिनीचा फायदा मी काही प्रमाणात अनुभवला. कोणत्या पिकात कोणती मिश्र पिके घ्यावीत यातून दोघांचा फायदा होईल, याचा आपल्या पूर्वजांनी बऱ्यापैकी अभ्यास केला होता.

एका वेळी बरीच पिके एकत्र वाढवण्याचे काही प्रयोग सेंद्रिय शेती पद्धतीत आपल्याकडे चालू आहेत. त्याला नांगरणीशिवाय शेतीची जोड देणे गरजेचे वाटते. यातून जमिनीचे होणारे फायदे तज्ज्ञांनी सविस्तर दिले आहेत. त्यापैकी बहुतेकांचा उल्लेख यापूर्वी आला आहे. एक मुद्दा नवीन आहे, तो म्हणजे जमिनीतील डोळ्यांना दिसणाऱ्या व न दिसणाऱ्या प्राण्यांच्या संख्येत वाढ. सूक्ष्मजीवांचा उल्लेख अनेक वेळा केला जातो, पण तो पूर्ण अभ्यास न करता केलेला असतो. डोळ्यांना न दिसणाऱ्या प्राण्यांच्या बाबतीत गांडुळाला आपण देवत्व देऊन टाकून बाकी प्राणिसृष्टीला अज्ञातवासात ढकलले आहे. याला शास्त्रीय भाषेत मॅक्रो व मायक्रो अगर फॉना व फ्लोरा म्हणतात. यातील मॅक्रो (डोळ्यांना दिसणाऱ्या) प्राणिवर्गाचाही अभ्यास होणे गरजेचे आहे.

आच्छादन, फेरपालट, मिश्र अगर हिरवळीच्या खतासाठी आपल्याकडे द्विदल कडधान्य वर्गीय पिके घेण्याची प्रथा आहे. लेखक म्हणतात, की यात विविध गवतवर्गीय व तृणधान्यवर्गीय

वनस्पतीच्या कुजण्याचा अभ्यास

एखाद्या वनस्पतिजन्य पदार्थाला कुजण्यास किती कालावधी लागेल ते त्यात असणाऱ्या लिग्निन, हेमीसेल्युलोज व सेल्युलोज धाग्यावर अवलंबून असते. यासंबंधी सविस्तर विवेचन या मालिकेतील लेख क्रमांक पाचमध्ये मी दिले होते. धान्ये आणि कडधान्ये वर्गीय वनस्पतीमध्ये याचे प्रमाण कसे असते, याची सविस्तर माहिती तज्ज्ञांच्या शोधनिबंधात प्रत्यक्ष आलेख काढून दिली आहे. हा आलेख पुढे देत आहे. या आलेखाचा अभ्यास शेतकऱ्यांनी करावा.

पृथक्करणाचा गोषवारा

१) कडधान्यांच्या पानात प्रथिनांचे प्रमाण जास्त असते, त्या तुलनेत ते मुळांमध्ये कमी असते. प्रथिनांमुळे नत्राची टक्केवारी वाढते. त्यामुळे पाने जलद कुजतात, त्यापेक्षा मुळे थोडी उशिरा कुजतील. पानांचा खत म्हणून उपयोग नगण्य आहे. सोयाबीनची पाने मोठ्या प्रमाणात शेतात गळून पडतात. त्याचा खत म्हणून फारसा उपयोग नसतो.

२) कडधान्याच्या मुळांत पानांपेक्षा प्रथिने कमी असली तरी सेल्युलोज वर्गातील धाग्याचे प्रमाण जास्त आहे. त्यामुळे हा सहज कुजणाऱ्या वर्गातील पदार्थ. जमिनीला सेंद्रिय खत म्हणून याचा फारसा उपयोग नाही. आपण नेहमी ताग धैंचा हिरवळीचे खत करून ते पहिल्या कळीवर गाडतो, त्याचा जमिनीची सुपीकता वाढवण्यासाठी फारसा उपयोग नसतो. हे विधान अनेकांना कोड्यात टाकेल, परंतु ते वास्तव आहे.

३) कडधान्याच्या तुलनेत गवताच्या मुळांचा अभ्यास केल्यास प्रथिनांची टक्केवारी कमी तर तिन्ही प्रकारच्या धाग्याची टक्केवारी जास्त आहे. त्यातल्या त्यात हेमी सेल्युलोज व लिग्निन धाग्यांची टक्केवारी बरीच जास्त असल्याने गवताची मुळे कुजण्यास जड असतात. अशी मुळे कुजून जे खत होईल, ते जमिनीला शाश्वत सुपीकता देईल. यासाठी हिरवळीच्या खतात एकदल वर्गातील बी मिसळल्यास जमिनीचा जास्त फायदा होऊ शकतो.

कुजण्यास हलके पदार्थ आपण वैरण म्हणून वापरतो. त्यापासून मिळणारे शेण व शेणखत शक्य झाल्यास सेंद्रिय खत म्हणून वापरतो. या उलट जमीन नांगरून बुडखे व मुळांचे अवशेष धसकटे म्हणून गोळा करून जाळून अगर फेकून देतो. या दोन्ही प्रथा चुकीच्या आहेत, असे आज तरी कबूल करण्यास लोक तयार नाहीत. जगभर कोणत्याही देशातील शास्त्रज्ञांच्या शोधनिबंधात जमिनीची सुपीकता ढासळत असल्याची माहिती मिळते. यावर उपाय म्हणून संवर्धित शेतीचा पर्याय पुढे केला जातो. जमीन नांगरलीच नाही तर पिकाचे बुडखे व मुळे जागेलाच कुजून त्याचे खत मोफत मिळते, त्याची प्रत चांगली असते. यामुळे संवर्धित शेती केल्यास जमिनीची सुपीकता वाढत जाते.

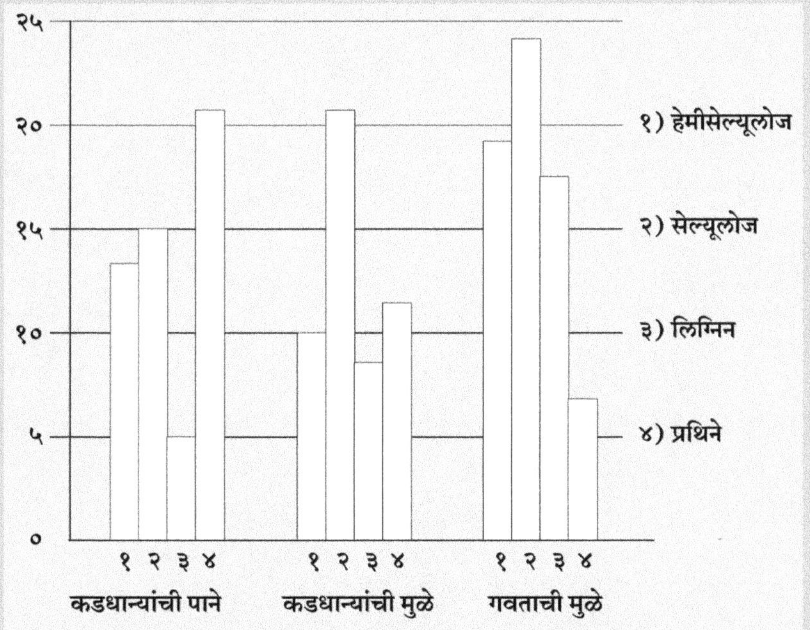

कडधान्ये आणि गवताची पाने व मुळे यांचे पृथक्करण

वनस्पतींचा समावेश होणे गरजेचे वाटते. याची दोन कारणे सांगितली आहेत. द्विदलाच्या तुलनेत आच्छादन कुजण्यास जड असते, या वनस्पतींच्या मुळांचा पसारा जमिनीत मोठ्या प्रमाणावर वाढतो. त्यामुळे पुढे जमिनीची सुधारणा कमी वेळात होऊ शकते. कुजण्यास जड पदार्थ कुजणे गरजेचे आहे, हे मागील २० वर्षे मी अवलंबत आलो आहे. पदार्थ कुजण्यास जितका जास्त कालावधी तितका तो जमिनीच्या सुपीकतेच्या दृष्टिकोनातून जास्त चांगला या माझ्या मताशी सुरुवातीच्या काळात अनेक भूरसायनशास्त्रज्ञांनी असहमती दर्शवली. उसाचे खोडवे न नांगरता पुढील पिके घेणे यामागे हेच तत्त्व आहे. हे तंत्र फायदेशीर असल्याचे दिसून आले आहे.

संवर्धित शेती करताना जमिनीतील घडामोडींचा अभ्यास केला पाहिजे.

प्रकरण २२
जमिनीचे आरोग्य

आगामी काळात जमिनीचे आरोग्य हा जगभरच्या शेती शास्त्रज्ञांच्या अभ्यासाचा सर्वांत मोठा विषय असणार आहे; परंतु हा विषय जितक्या गांभीर्याने हाताळला गेला पाहिजे, तितके गांभीर्य अजून तरी आलेले नाही असे वाटते. या विषयात शास्त्रीय जगतात काय चर्चा सुरू आहे, त्याची थोडीशी झलक संवर्धित शेतीच्या परिषदेमध्ये सादर केलेल्या शोधनिबंधांच्या अभ्यासातून दिसून येते.

संवर्धित शेतीच्या परिषदेमध्ये इटलीमधील तज्ज्ञांनी संवर्धित शेती करताना जमिनीचे आरोग्य आणि अन्नद्रव्य व्यवस्थापन या संदर्भात शोधनिबंध सादर केला. या शोधनिबंधामध्ये तज्ज्ञ म्हणतात, की संवर्धित शेतीच्या तत्त्वांची व प्रचलित शेतीच्या तत्त्वांची तुलना करता येणार नाही. प्रचलित शेती पद्धतीत अन्नद्रव्य व्यवस्थापन म्हणजे बाहेरून वेगवेगळी अन्नद्रव्ये किती प्रमाणात द्यायची याची सांख्यिकी गणिताची आकडेवारी असते. त्याचा जमिनीतील इतर घटकांशी प्रत्यक्ष अगर अप्रत्यक्ष संबंध काय आहे, यावर फारशी चर्चा नसते.

संवर्धित शेतीत पिकाच्या अन्नद्रव्य व्यवस्थापनाचा जमिनीच्या आरोग्याशी काय संबंध आहे, याचा अभ्यास केला जातो. जमिनीने पिकाच्या मुळ्यांना वाढण्यास योग्य वाव दिला पाहिजे, त्यांनी पाणी व अन्नद्रव्ये गरजेप्रमाणे उपलब्ध झाली पाहिजेत, सूक्ष्मजीवांच्या वाढीसाठी योग्य परिस्थितीत, वायुविजनासाठी योग्य इतक्या पोकळ्या, जैविक नत्र स्थिरीकरण, अन्नद्रव्ये साठवणे, गरजेप्रमाणे पिकांना उपलब्ध करणे, अशा अनेक घटकांच्या एकत्रीकरणातून जमिनीची सुपीकता साकार होते. (डोरन, झेईस, वोल्फ)

जमिनीची सुपीकता :

जमिनीच्या सुपीकतेसंबंधी तज्ज्ञ लिहितात, की जमीन जिवंत असते. तिच्यात अनेक लहान-

मोठे प्राणी, वनस्पती वाढत असतात. त्यांच्याच अस्तित्वाने जमिनीला जिवंतपणा प्राप्त होतो. त्यात योग्य प्रमाणात हवा व पाणी असते. अजैविक घटक उत्तम अवस्थेत असतील, तर सजीवांचे आरोग्य चांगले टिकून राहून जमिनीला शाश्वत सुपीकता प्राप्त होते.

जमिनीत सजीवांचे असे अस्तित्व असले पाहिजे, की ज्यांच्या योगे पिकाच्या कीड व रोगांचे नियंत्रण झाले पाहिजे. उपयोगी जिवाणूंचे संवर्धन झाले पाहिजे (यात नत्र स्थिरीकरण करणाऱ्या तथा मुळांच्या सान्निध्यात वाढणाऱ्या मायकोरायझा बुरशी वाढल्या पाहिजेत). अन्नद्रव्यांचे व्यवस्थित चक्रीकरण होऊन पिकांचे चांगले उत्पादन मिळाले पाहिजे.

सुपीक जमिनीचे लक्षण म्हणजे ती कायम जिवंत हिरव्या आच्छादनाने झाकलेली असली पाहिजे, ज्यामुळे सेंद्रिय कर्बाच्या प्रमाणात सतत वाढ होत राहिली पाहिजे. पिकाची वाढ रासायनिकपेक्षा जैविक सहभागातून झाली पाहिजे. पीक फेरपालटातून रोग-कीड नियंत्रण झाले पाहिजे. कमीत कमी हलवाहलवी झाली पाहिजे. अवजड यंत्रसामग्री वापरल्याने मोडली जाणारी नैसर्गिक सच्छिद्रता व येणारा टणकपणा यापासून जमीन वाचवली पाहिजे. सजीवांच्या चक्रातून जमिनीची योग्य कणरचना तयार झाली पाहिजे.

जगात सर्वत्र जमिनीची सुपीकता व उत्पादकता ढासळत चालली आहे. जमिनीच्या सुपीकतेबाबत लहान-मोठ्या सजीवांच्या सहभागात जी एक सुप्त शक्ती आहे, त्याबाबत फार क्वचित बोलले जाते. जर जमिनीच्या वर वाढणारा पिकाचा भाग योग्यरित्या वाढत नसेल, तर जमिनीच्या आतील सजीवांची वाढही योग्य प्रमाणात होत नसल्याचे ते निदर्शक आहे.

जमिनीचे जैविक व्यवस्थापन :

उत्तम जैविक व्यवस्थापनात जमिनीत लहान-मोठ्या पोकळ्या सतत तयार होत राहिल्या पाहिजेत, यावर तज्ज्ञांचा भर आहे. पोकळ्यांतून मुळांच्या व सूक्ष्मजीवांच्या श्वासोच्छवासासाठी व सेंद्रिय कर्बाचे कर्ब वायूत रूपांतर करण्यासाठी प्राणवायू उपलब्ध होतो. जैविक प्रक्रिया चालू राहणे म्हणजे जमीन सजीव असणे होय. जमिनीचे हवा व्यवस्थापन हा एक स्वतंत्र विषय भावी काळासाठी महत्त्वाचा आहे. मशागतीमुळे व अवजड यंत्रांच्या दडपण्यातून या पोकळ्या मोडल्या जातात. मशागतीमुळे व अवजड यंत्रांच्या दडपण्यातून या पोकळ्या मोडल्या जातात. मशागतीमुळे सेंद्रिय कर्बाचे कर्ब वायूत जास्त वेगाने रूपांतर होऊन त्याचा ऱ्हास गरजेपेक्षा जास्त वेगाने होतो. संवर्धित शेतीत मशागत बंद झाल्यामुळे जैविक प्रक्रिया वर्षानुवर्षे व्यवस्थित चालू राहतात. जमिनीची भौगोलिक जडणघडण खालून वर होत असते; तर सजीव जैविक पिकाऊ जमिनीची जडणघडण वरून खाली होत असते.

जैविक नत्र स्थिरीकरण व्यवस्थापन :

संवर्धित शेतीत झाडे वाढवणे, पिकाच्या उर्वरित भागाचे आच्छादन, आच्छादन वनस्पती वाढवणे (जिवंत), हिरवळीच्या पिकांची लागवड, पिकांची फेरपालट, कडधान्यवर्गीय पिकांचा अंतर्भाव यातून सेंद्रिय कर्बाचे व्यवस्थापन केले जाते. याद्वारे जैविक नत्र स्थिरीकरणाचे काम उत्तम प्रकारे चालते. कडधान्यवर्गीय पिकांच्या पानांबरोबर तळातील काष्ठमय भागही आच्छादनात आला पाहिजे. मुळांच्या सभोवतालच्या परिसरातील एकपेशीय प्राणी व निमॅटोडही योग्य वयवस्थापनात जैविक नत्र स्थिरीकरण करतात. (मी जैविक नत्र स्थिरीकरणासाठी गरज असलेल्या सेंद्रिय कर्बाचा अभ्यास सूक्ष्मजीवशास्त्राच्या अंगाने केला आहे. त्याचा तसा थेट उल्लेख कोठे सापडत नाही. आणखी एक खास नोंद घेण्यासारखे म्हणजे सेंद्रिय कर्ब व्यवस्थापनात चांगल्या कुजलेल्या खत वापराचा तथा पशुधनातून जमिनीची सुपीकता व जिवाणू खताबाबतचा उल्लेख वर दिसत नाही; यावर चिंतन केले पाहिजे. या दोन संसाधनांत शेतकरी नको इतका अडकून पडला आहे, त्याला यातून बाहेर काढले पाहिजे.)

अन्नद्रव्यांचा जमा-खर्च :

काही शास्त्रज्ञांच्या प्रदीर्घ संशोधनाचे संदर्भ देऊन इटलीमधील तज्ज्ञ सांगतात, की जमिनीतील अन्नद्रव्यांचा साठा सतत राखून ठेवला पाहिजे. जितक्या प्रमाणात एखाद्या पीकवाढीसाठी अन्नद्रव्ये वापरली जातील, तितक्या प्रमाणात ती परत जमिनीत आली पाहिजेत. मुख्यत्वे करून ती पिकांच्या अवशेषांतून आच्छादन रूपात यावीत.

यातील कमतरता रासायनिक खतांच्या माध्यमातून भरून काढणे गरजेचे ठरते. लिग्निनयुत काष्ठमय भाग जमिनीकडे परत येणे गरजेचे आहे असा स्पष्ट उल्लेख आहे. पिकाच्या गरजांचा अभ्यास करून योग्य वेळी केवळ गरजेइतकेच खत (रासायनिक) वापरावे. मुख्य अन्नद्रव्यांच्या अतिरेकी वापराने अनेक सूक्ष्म अन्नद्रव्ये गरजेइतकी उपलब्ध होण्यात अडचणी निर्माण होतात, असा संदर्भ दिलेला आहे.

अन्नद्रव्यांची जैव चक्रिय हालचाल संवर्धित शेतीत प्रचलित शेतीच्या तुलनेत कितीतरी पटीने जास्त असते, यामुळे प्रचलित पद्धतीतील माती परीक्षणातून खतांच्या शिफारशीचे नियम संवर्धित शेतीला लागू पडणार नाहीत.

संवर्धित शेतीत जमिनीच्या वरच्या थरात (१ ते १० सें.मी.) सर्व अन्नद्रव्ये मोठ्या प्रमाणात असतात. विशेष करून स्फुरद योग्य प्रमाणात उपलब्ध अवस्थेत असल्याचा संदर्भ सांगितला जातो (अपहॉप २००६). स्फुरदाची हालचाल फार कमी असते, असे नेहमी सांगितले जाते. संवर्धित शेतीत स्फुरदाची हालचालही गरजेइतकी होऊ शकते असा संदर्भ आहे. फॉस्फरस, अमोनिअम स्वरूपातील नत्र, तांबे व जस्त या अन्नघटकांची हालचाल अत्यंत मंद असते. संवर्धित शेतीत मायकोराझा बुरशीमुळे या अन्नद्रव्याची हालचाल योग्य प्रमाणात होऊ शकते. सतत मशागतीमुळे या बुरशीच्या वाढीवर अयोग्य परिणाम होतो (हबटे २००६). असे संदर्भ आहेत. (आपल्याकडे अनेक द्राक्ष बागायतदार स्फुरद खत योग्य मात्रेत देतात; परंतु देठाच्या पृथक्करणात कमतरता आढळत असल्याचे सांगतात. स्फुरदाचे व्यवस्थापन हा त्यांच्यासाठी एक डोकेदुखीचा विषय असल्याची ऐकीव माहिती आहे. इतर शेतकरी इतक्या खोल जाऊन अभ्यासच करत नसल्याने त्याविषयी फारशी वाच्यता नाही.)

तज्ज्ञांच्या शोधनिबंधामध्ये जमिनीच्या आम्लता व्यवस्थापनाचा उल्लेख आहे. आपल्याकडे आम्लता व्यवस्थापनाचा प्रश्न आहे. अपहॉक (२००६) व गोडार्ड (२००७) यांनी प्रदीर्घ काळ संशोधन करून संवर्धित शेतीसंबंधी बरेच लेखन केले आहे. शेतकऱ्यांनी संवर्धित शेती पद्धतीचा सतत अभ्यास करण्याची गरज वर्तवली आहे. जागतिक अन्न व शेती संस्था, इटली येथील तज्ज्ञ

जमीन वाचवण्यासाठी संवर्धित शेतीची तत्त्वे

१) जमिनीची कमीत कमी हलवाहलवी.
२) मुळांच्या परिसरात योग्य प्रमाणात असणारे उत्सर्जित वायू.
३) पाण्याच्या उभ्या-आडव्या हालचालींसाठी योग्य सच्छिद्रता.
४) आच्छादनातून तणांचे बी रुजण्यावर नियंत्रण.
५) मुख्यत्वे पिकाच्या उर्वरित भागातून कायमस्वरूपी आच्छादन.
६) आच्छादनामुळे जमिनीचे सूर्यप्रकाश व पाऊस यापासून संरक्षण.
७) आच्छादनातून लहान-मोठ्या सजीवांना खाद्य.
८) विद्युतभार अदलाबदल शक्तीत वाढ.

यातून असे दिसून येते, की संवर्धित शेतीतून जमिनीची सुपीकता व उत्पादकता वाढवण्यास भरपूर वाव आहे. अन्नद्रव्य व्यवस्थापनाचा कृषी परिसंस्थेतील (इकॉलॉजी) अनेक घटकांशी संबंध असल्याने ती एक क्लिष्ट संकल्पना बनते. संवर्धित शेतीच्या एखाद-दुसऱ्या तत्त्वातून अन्नद्रव्य व्यवस्थापन सुधारता येईल असे म्हणणे अवघड आहे. अन्नद्रव्य व्यवस्थापन म्हणजे किती दिले व किती वापरले असा जमा-खर्च मांडणे नव्हे. इतर अनेक घटकांशी असणाऱ्या याच्या संबंधांवर आणखी बराच अभ्यास होणे गरजेचे आहे.

आमीर कासम, थिओडोर फ्रेडरिच यांनी असे मत मांडले आहे, की अनुभवातून असे लक्षात येते, की प्रचलित विद्यापीठीय शिक्षणात अभ्यासल्या जात असलेल्या खत व चुन्याच्या वापराबाबतच्या संशोधनात सुधारणा होणे गरजेचे आहे. तसेच नांगरणीशिवाय शेती पद्धतीत जमिनीची सुपीकता हा विषय नव्याने विकसित होत आहे. याबाबत संशोधन आवश्यक आहे. शेतकऱ्यांनी जमिनीला जादा खते देणे गरजेचे आहे; पिकाला नव्हे.

अभ्यास संवर्धित शेतीचा

इटलीतील शास्त्रज्ञांनी संवर्धित शेतीचा प्रदीर्घ काळ अभ्यास केला आहे. प्रचलित शेती पद्धतीने जतीन जर खराब झाली असेल, तर संवर्धित शेती

चालू केल्यानंतर पहिले पाच वर्षे मोठा फायदा दिसणार नाही. या काळाला प्राथमिक काळ म्हणता येईल. पुढील पाच ते दहा वर्षांत हळूहळू सुधारणा दिसू लागतील, याला परिवर्तनाचा काळ म्हणावे लागेल. पुढे १० ते २० वर्षांच्या काळात जमिनीची सुपीकता चांगली वाढलेली असेल, त्यामुळे आपल्याला बाहेरून कमीत कमी अन्नघटकांचा वापर करावा लागेल.

माझ्या अनुभवाप्रमाणे आपल्या बहुतांशी जमिनीची परिस्थिती इतकी प्रदीर्घ वाट पाहण्याइतकी वाईट नाही. संवर्धित शेतीची गोड फळे यापेक्षा खूप लवकर आपल्याला चाखता येतील. बाहेरून द्यावयाची अन्नद्रव्ये एकदम बंद करू नका. हळूहळू कमी करा. जमीन खराब करण्याचे काम आपण दीर्घकाळ करत आलेलो आहोत. संवर्धित शेती म्हणजे काही जादूची कांडी नाही. केव्हा तरी याला प्रारंभ करणे गरजेचे आहे.

बांगलादेशात शून्य मशागत तंत्रज्ञानाचा अवलंब होत आहे.

प्रकरण २३

पॉवर टिलरचा वापर

संवर्धित शेतीच्या परिषदेमध्ये लहान शेतकऱ्यांना संवर्धित शेती करण्यासाठी कशा पद्धतीने लहान अवजारांचा वापर करणे शक्य आहे, याबाबत बांगला देशातील दिनाजपूर येथील गहू संशोधन केंद्राच्या शास्त्रज्ञांनी शोध निबंध सादर केला. ऑस्ट्रेलियातील आंतरराष्ट्रीय कृषी संशोधन संस्था आणि बांगला देश कृषी संशोधन संस्थेच्या संयुक्तसहकार्यातून पॉवर टिलरच्या माध्यमातून संवर्धित शेतीवर संशोधन व विस्ताराचा कार्यक्रम राबवला गेला. या कार्यक्रमाची माहिती या प्रकरणात देत आहे.

हिमालयाच्या पायथ्याशी असलेल्या मैदानी प्रदेशात भात - गहू अभियानाअंतर्गत मोठ्या प्रमाणात संवर्धित शेतीचे तंत्र यशस्वीरीत्या राबवले गेले. या प्रदेशात नांगरणीशिवाय शेतीसाठी जी पेरणी यंत्रे वापरली गेली ती सर्व मोठ्या आकाराची होती. येथील शास्त्रज्ञांच्या अधिवेशनात झालेल्या सादरीकरणानंतर महाराष्ट्रातील शास्त्रज्ञांनी संवर्धित शेतीबाबत प्रतिक्रिया व्यक्त करताना सांगितले, की संवर्धित शेती तंत्रासाठी लागणारी अवजारे मोठी आणि अवजड आहेत. त्याच्या किमतीही जास्त आहेत. आपल्याकडील जमिनीचा आकार आणि शेतकऱ्यांची क्रयशक्ती विचारात घेतल्यास आपल्याकडे या अवजारांचा वापर करणे अवघड आहे. यापेक्षा प्रचलित नांगरणी मशागत करून पेरणीचे तंत्र जास्त उपयुक्त ठरणारे आहे. संवर्धित शेतीच्या अधिवेशनात सादर झालेले शोधनिबंध पाहता काडात हाताने पेरू शकणारी, बैलाने ओढून चालवावयाची आणि चार चाकी मोठ्या ट्रॅक्टरने

ओढावयाची लहान - मोठी यंत्रे संवर्धित शेतीसाठी विकसित करण्यात आल्याची माहिती मिळाली.

मी स्वत: लहान शेतकरी असून ३५ अश्वशक्तीचा ट्रॅक्टर खरेदी करणे आणि त्याला गरजेइतके काम देणे शक्य नसल्याने पॉवर टिलरकडून मशागत करत असे. सन २००५ नंतर संवर्धित शेतीचे तंत्र १००% वापरू लागल्याने पॉवर टिलरकडून मशागत हा विषयच संपून गेला. आता त्याचा वापर माल वाहतूक व क्वचित गरजेपुरत्या मशागतीसाठी केला जातो. संवर्धित शेतीत न नांगरता काडात पेरणी करणारी यंत्रे पॉवर टिलरसाठीही विकसित झाली आहेत. ही माहिती माझ्याप्रमाणे अनेक लहान शेतकऱ्यांना दिलासा देणारी आहे.

बांगला देशातील संवर्धित शेती :

लहान आकाराची शेते, कमी जमीनधारणा असणाऱ्या शेतकऱ्यासाठी पॉवर टिलर हे बहुउपयोगी लोकप्रिय अवजार आहे. जगभरात प्रति वर्षी पाच लाखांवर पॉवर टिलरचे उत्पादन केले जाते. सध्या अंदाजे तीन लाखांहून जास्त पॉवर टिलर बांगला देशात शेती कामात गुंतलेले आहेत. आंतरराष्ट्रीय कृषी संशोधन संस्था, ऑस्ट्रेलिया आणि बांगला देश कृषी संशोधन संस्थेच्या संयुक्त सहकार्यातून १९९५ ते २००४ अशी सलग दहा वर्षे पॉवर टिलरच्या माध्यमातून संवर्धित शेतीवर संशोधन व विस्ताराचा कार्यक्रम राबवला गेला. पॉवर टिलरला जोडून काडात पेरणी करणारे यंत्र विकसित करणे हा या कार्यक्रमातील मुख्य उद्देश होता. अशा या यंत्राचा विकास ऑस्ट्रेलियातील तज्ज्ञांनी यापूर्वी केला होता. ते यंत्र आयात करून बांगला देशातील स्थानिक तंत्रज्ञांनी एकत्र येऊन गरजेनुसार अवजारापेक्षा वजनाने हलके व बहुउपयोगी अशा सुधारणा केल्या. यात काड कातरणे, बाजूला करणे, ओळीतून पेरणी यंत्राचा दात सुलभपणे जाणे, दोन ओळींतील अंतर गरजेप्रमाणे कमी - जास्त करणे, बी पेरणीची खोली योग्य राखणे, एकाच वेळी गरजेप्रमाणे कमी - जास्त बी पेरणीची सोय करणे, एकाच यंत्राचा वापर करून अनेक प्रकारचे बी पेरणी (मक्यापासून मोहरीपर्यंत), एकाच वेळी बी व खताची पेरणी करणे असे या सुधारणांचे सर्वसाधारण स्वरूप होते. यापूर्वी अशा प्रकारची अवजारे प्रामुख्याने मोठ्या ट्रॅक्टरसाठी विकसित झाली होती. त्यांचा उपयोग लहान शेतकऱ्यांना करून घेता येत नव्हता. गहू - भात अभियानामुळे संवर्धित शेतीसंबंधी शेतकऱ्यांत जागृती झाली होती; परंतु योग्य लहान अवजारांच्या उपलब्धतेअभावी लहान शेतकरी या तंत्रापासून वंचित राहत होते.

चीनमधील एका कंपनीचा पॉवर टिलर व पेरणी अवजार आयात करून या मूळ आराखड्यातून पुढे गरजेप्रमाणे सुधारणा करण्यात आल्या. ही अवजारे तीन किंवा चार पेरणीच्या ओळी घेऊन चालवता येतात. जमिनीत थोडासा ओलावा (ओलित अगर पावसामुळे) असल्यास ही यंत्रे जास्त चांगली पेरणी करू शकतात. रब्बी हंगामातील जमिनी पेरणीपूर्वी वाळून कडक बनलेल्या असल्यास पेरणी करणे अडचणीचे होते.

पॉवर टिलरची चाके लहान असतात. दातेरी गोल फिरणारे नांगर तो सहज ओढू शकतो; परंतु खेचून ओढण्याच्या अवजाराचे काम वाफसा उत्तम असल्यासच होऊ शकते. नांगरलेल्या जमिनीत या मर्यादेमुळे व्यवस्थित पेरणी होऊ शकत नाही, पेरणीनंतर बी दाबण्याचा रोलरही व्यवस्थित काम करू शकत नाही. हेच काम योग्य ओलावा असलेल्या किंवा न नांगरलेल्या जमिनीत चाकांना कठीण जमीन मिळाल्याने चांगले होते. फिरवणाऱ्या कण्याकडून चेनद्वारे बी व खते सोडणारे रोलर फिरवले जातात. बियांच्या आकारानुसार व हेक्टरी वापरण्याच्या बियांच्या प्रमाणानुसार वेगवेगळ्या आकारांचे रोलर तयार करण्यात आले आहेत.

पॉवर टिलरचा वाढता वापर

बांगला देश कृषी संशोधन संस्थेतील तज्ज्ञ सांगतात, की दक्षिण आशियातील अनेक देशांत पॉवर टिलरचा उपयोग वाढतो आहे. या क्षेत्रात उत्पादन खर्चात बचत व जास्त उत्पादन मिळणाऱ्या शेतकऱ्यांचा खूप मोठा फायदा करून देण्याची सुप्तशक्ती या तंत्रात आहे. फक्त त्यांना शून्य मशागतीवर पेरणी करणारी यंत्रे वाजवी किमतीत उपलब्ध करून देणे गरजेचे आहे. यंत्राची रचना अत्यंत सोपी असून, स्थानिक यंत्र कारागीर उपलब्ध साधनसामग्रीचा वापर करून हे यंत्र सहज तयार करू शकतो. या पेरणी यंत्राने गव्हाप्रमाणे खरिपात भाताची पेरणीही करता येईल. जमिनीच्या वेगवेगळ्या परिस्थितीनुसार पेरणी यंत्रात सुधारणा करण्याचे काम सातत्याने पुढे चालू आहे. पॉवर

सुधारित अवजार ठरते फायदेशीर

मशागत न करता पेरणी करण्याच्या अवजारामुळे १० ते १२ दिवस पेरणी लवकर होऊ शकते. पेरणीपूर्व पाणी द्यावे लागत नाही. योग्य ओलावा असेल तर पेरणीनंतर ओलित न करता उगवण होऊ शकते. यातून पाणी व वीज वापरात बचत होते. डिझेल व अमूल्य असा वेळ वाचतो, ही या तंत्राची खास वैशिष्ट्ये नमूद केली आहेत. कमी आर्थिक गुंतवणूक आणि एकाच अवजाराने अनेक पिकांच्या होणाऱ्या पेरण्या, यामुळे बांगला देशातील शेतकऱ्यांमध्ये हे तंत्र अतिशय लोकप्रिय होत आहे.

प्रचलित व शून्य मशागतीचा उत्पादनावर होणारा परिणाम

अ. क्र	पेरणीची पद्धत	उत्पादन टन/हे.		
		गहू	मूग	मका
१.	शून्य मशागत	३.८	०.९०	८.४
२.	प्रचलित पद्धत	३.०	०.५५	७.६

प्रचलित व शून्य मशागतीचा उत्पादन खर्चावर होणारा परिणाम

अ. क्र	पेरणीची पद्धत	उत्पादन खर्च / हे.		
		गहू	मूग	मका
१.	शून्य मशागत	१९५१	१५७६	१५७६
२.	प्रचलित पद्धत	३७४०	३७४०	७२५०

टिलर हे अवजार सुरुवातीला भात पिकाच्या चिखलणीचे काम करण्यासाठी आयात केले गेले. सुरुवातीला भात उत्पादन भागातील शेतकऱ्यांना सरकार यंत्र खरेदीसाठी अनुदान देत होते. पुढे त्याचा वापर ऊस क्षेत्रात मोठ्या प्रमाणावर केला जाऊ लागला. पॉवर टिलरच्या आगमनामुळे ऊस क्षेत्रात ऊस काढून परत ऊस लावणे दाताच्या गोल फिरणाऱ्या नांगरणीमुळे सुलभ झाले. ३५ ते ५० अश्वशक्तीच्या अवजाराने जे काम करण्यास कित्येक दिवस लागत असत ते काम दोन ते चार दिवसांत सहज होऊ लागले. यामुळे या अपप्रवृत्तीची फार मोठ्या प्रमाणात वाढ झाली.३५ अश्वशक्तीच्या ट्रॅक्टरने खोडवे नांगरणी करण्याचा तेजीत चालू असलेला धंदा बसला. गावोगावी पॉवर टिलरची संख्या बेसुमार वाढली.

स्वतःचे स्वयंचलित नांगरणीचे अवजार असावे म्हणून मी पॉवर टिलर घेतला. खोडवे नांगरून देण्याचा धंदाही केला. आता हा धंदाही बंद केला व स्वतःचे क्षेत्रही नांगरणे बंद केले. पॉवर टिलरकडून एक टनापर्यंतची वाहतूक, कडबा कुट्टी करणे, मळणी यंत्र चालवणे, भारनियमन असताना पंप फिरवून पिकाला पाणी देणे, एचटीपी पंप चालवून पिकावर कीडनाशकांची फवारणी करणे, उसाची भरणी करणे (खांदणी) अशी अनेक कामे या यंत्राने करता येतात. या जोडीला नांगरणी न करता पेरणी करता आली तर आणखी एक काम सुलभ होऊन जाईल. नांगरणी, पूर्वमशागत न करता पेरणी करून अशा जमिनीत पिके वाढू शकतील, या गोष्टीवर उघड्या डोळ्यांनी प्रत्यक्षात पीक पाहिल्यानंतरही आज तरी बहुतेकांचा विश्वास बसत नाही. आता संवर्धित शेतीचे प्रयोग करणारे शेतकरी पुढे येत आहेत. ही चांगली गोष्ट आहे.

संवर्धित शेतीमधील आच्छादनाच्या वापराबाबत संशोधन सुरू आहे.

प्रकरण २४

संवर्धित शेतीच्या समस्या

नांगरणी बंद करून जमिनीवर पिकाच्या उर्वरित भागाचे आच्छादन ठेवायचे. पुढे काडातून थेट पेरणी करणाऱ्या यंत्राने पेरणी केली, की किफायतशीर उत्पादन आणि सुपीक जमीन, असे संवर्धित शेतीचे स्वरूप असले, तरी त्याच्यातही काही अडचणी आहेत. संवर्धित शेतीच्या परिषदेमध्ये चिली देशातील शास्त्रज्ञांनी सादर केलेल्या शोधनिबंधात संवर्धित शेतीमधील काही अडचणी मांडल्या आहेत. त्यांची माहिती या प्रकरणात घेत आहोत.

एखाद्या नवीन पद्धतीचा अभ्यास करत असता त्यात येणाऱ्या अडचणींचा अभ्यास होणे जास्त महत्त्वाचे असते. नेमक्या चांगल्या गोष्टी जशा समोर आणल्या जातात, तशा अडचणी, मर्यादा मांडण्याची फारशी कोणाची तयारी दिसत नाही. कृषी विस्तारातील ही एक मोठी शोकांतिका आहे.

मध्य चिलीमधील उष्ण हवामानाच्या प्रदेशात कृषी शास्त्रज्ञांनी जवळपास १४ वर्षे प्रचलित शेती व संवर्धित शेती पद्धतींचा तुलनात्मक अभ्यास केला आहे. या देशात थंड पावसाळी हिवाळा, गरम कोरडा उन्हाळा, तीव्र उन्हाचा तडाखा, पाण्याच्या बाष्पीभवनाचा प्रचंड वेग असे हवामानाचे स्वरूप आहे. त्यामुळे या भागाला 'मेडीट्रेनियन' हवामानाचा प्रदेश असे म्हटले जाते. या प्रदेशात शेताची भरपूर मशागत केली जाते. जनावरे चरावयास सोडण्याचे प्रमाण मोठे आहे, तसेच काड जाळून टाकण्याची प्रथा आहे. या तिन्ही प्रथा बंद करून शून्य मशागत व जास्तीत जास्त काडाच्या आच्छादनातून जमिनीतील सेंद्रिय कर्ब वाढावा यासाठी संवर्धित शेतीचा अवलंब करण्याचे प्रयोग आखले गेले. जगभरातील अनेक भागांत संवर्धित शेती मोठ्या प्रमाणावर फोफावली तरी या प्रदेशात ती फारसे बाळसे धरू शकली नाही.

मागील एका लेखात आपण पाहिले आहे,

की संवर्धित शेतीतील चिलीच्या तज्ज्ञ शास्त्रज्ञाने ब्राझील, अर्जेंटिनामध्ये संवर्धित शेतीचा प्रसार केला; परंतु चिलीत मात्र तो होऊ शकलेला नाही. याबाबत त्यांचे म्हणणे असे आहे, की डिसेंबर, जानेवारीमध्ये कापण्या झाल्यानंतर काडाचे आच्छादन टाकले, तर पुढे पावसाळ्यापर्यंत ते तसेच पडते. तीव्र उन्हाळ्यात कुजण्याच्या क्रियेला सुरुवातच होऊ शकत नाही.

पुढे ज्या वेळी ओलावा मिळतो, त्या वेळी तापमान खूप खाली आलेले असल्याने कुजण्याचा वेग अतिशय मंद राहतो. अशा काडात उगवलेले पीक (प्राधान्याने कडधान्यानंतर घेतलेले धान्य पीक) मरू लागते. काडामुळे जमिनीपर्यंत थेट सूर्यप्रकाश पोचू शकत नाही. यामुळे बाष्पीभवनाचा वेग कमी राहतो. जमिनीतील ओलावा जास्त काळ टिकून राहतो. कृषी तज्ज्ञ असे म्हणतात, की जास्त ओलाव्यामुळे जमिनीचे तापमानही घटते, जैविक प्रक्रियांचा वेग कमी होतो. असे असले तरी आच्छादनाचे काही फायदेही नमूद केले आहेत. वारा व पाण्यामुळे होणारी धूप थांबते, अपधाव कमी होतो, पाणी जिरण्याचे प्रमाण वाढते, बाष्पीभवनाचा वेग कमी होतो, जमिनीला सेंद्रिय कर्ब मिळतो, कणरचना, हवेचे संतुलन, तापमान यात सुधारणा होते व सुपीकता सुधारते, जैविक हालचाली वाढतात.

शेतीमधील मर्यादांचा उल्लेख करत असताना जड जमिनीमध्ये अवजड यंत्रे फिरवल्यास जमीन दबली जाते, तेथे पिकाच्या वाढीचा वेग मंदावतो. जमिनीत पाणी मुरण्याचा वेग कमी होतो, मुळाभोवताली ओलावा जास्त राहिल्याने गव्हासारख्या पिकाची मुळे कुजतात. यंत्राचे वजन कमी करून, टायरचा आकार व हवेचा दाब योग्य ठेवून जमीन कमीत कमी दबली जाईल असे पाहावे लागेल. हलक्या जमिनीमध्ये या प्रश्नाची तीव्रता कमी दिसून येते.

संशोधनाची गरज

आपण ज्या पिकाच्या जाती नेहमी वापरत आलो आहोत, त्याच पुढे नांगरणीशिवाय शेतीत वापरल्यास त्या योग्य प्रतिसाद देतीलच याची खात्री देता येत नाही. यासाठी नांगरणीशिवाय शेतीच्या तंत्रासाठी खास जाती विकसित कराव्या लागतील, असे काही तज्ज्ञांचे मत आहे. माझ्या प्रयोगात भात व ऊस पिकासाठी मी जुन्याच जाती वापरल्या, त्याचा तसा काही वाईट परिणाम दिसून आलेला नाही. नांगरणीशिवाय शेतीसाठी खास जाती विकसित होण्यासाठी खूप कालावधी लागेल. त्याची काही गरज नाही. आपल्याकडील अभ्यासात अनेक जाती एकाच वेळी दोन्ही पद्धतीत लावून त्यांचा तुलनात्मक अभ्यास केला जातो; परंतु चिलीमधील तज्ज्ञांनी गव्हाच्या काही जाती नांगरणीशिवाय, तर काही प्रचलित पद्धतीत चांगल्या वाढतात, असा अभ्यास केल्यानंतर वरील विचार मांडले आहेत. एखादी नवीन संकल्पना रुजवत असता काय अडचणी निर्माण होऊ शकतात याची कल्पना सुरुवातीला येणे शक्य नसते.

तंत्रे राबवत गेल्यानंतर पुढे त्याचा अभ्यास सुरू ठेवणे, त्यावर उपाय शोधत राहणे, अशा कामांतूनच तंत्राचा विकास होत असतो. काही तंत्रांचे वाईट परिणाम होण्यास दीर्घ काळ जावा लागतो. याचा दोष दीर्घ काळानंतर सुरुवातीला काम केलेल्या शास्त्रज्ञांना देणे योग्य ठरत नाही. आपल्याकडे पहिल्या हरितक्रांतीच्या २५ वर्षांनंतरच्या परिणामांबाबत अशी चर्चा चालू आहे. कोणतेही तंत्र चुकीचे नसते. कमी-अधिक गुण प्रत्येक तंत्रात असतातच. म्हणूनच संशोधन पुढे चालत राहते.

जगामध्ये सर्वांत जास्त संवर्धित शेती तंत्राचा वापर दक्षिण अमेरिकेत होतो. ब्राझील, अर्जेंटिना, उरुग्वे व पॅराग्वे या देशांत एकूण पिकाऊ जमिनीच्या तुलनेत ६० ते ८०% जमिनीत या तंत्राचा वापर होतो. त्याच्याच सरहद्दीला लागून असलेल्या चिलीमध्ये मात्र नाममात्र वापर होत असल्याचे दिसते. चिलीच्या शास्त्रज्ञांनीही परिषदेत आपला शोधनिबंध सादर केला आहे. काही अडचणी दाखवल्या असल्या तरी शेवटी पीकवार प्रत्येक अडचणीवर कशी मात करता येईल याचे मार्गही दिले आहेत. आपल्या देशातही या तंत्राचा वापर वाढत जाणे गरजेचे आहे. अनेक मोठ्या शोधांची प्राथमिक वाटचाल अनेक लहान-मोठ्या खाचखळग्यांतून झाल्याचा इतिहास अभ्यासण्यासारखा असतो. या खाचखळग्यांचा अंदाज येण्यासाठी काही काळ उमेदवारी करावी लागते. हा नियम सार्वत्रिक आहे.

मशागतीशिवाय शेती पद्धतीमुळे गहू पिकात काही रोगांचा प्रादुर्भाव होऊ शकतो. तज्ज्ञांनी याचे कारण पाणी जास्त साठणे असे दिले आहे. पाणी जास्त काळ साठून राहत असल्यास नांगरून

काडाचा पुढील पिकावर होणारा परिणाम

कृषी तज्ज्ञ म्हणतात, की पिकाचा उर्वरित भाग राखण्याने पुढील पिकासाठी कायिक, रासायनिक व जैविक प्रश्न निर्माण होऊ शकतात. जास्त उत्पादन देणाऱ्या पिकाकडून काडही जास्त प्रमाणात उपलब्ध होते. काडाचे कर्ब : नत्र गुणोत्तर जास्त असल्याने त्याचा कुजण्याचा वेग अतिशय मंद असतो. यामुळे काड दीर्घ काळ जमिनीवर पडून राहते. कडधान्याच्या काडाच्या तुलनेत धान्याचे काड कुजण्यास जास्त वेळ लागतो. (जास्त कर्बासाठी नत्र गुणोत्तराचे दीर्घ काळ कुजणारे काड मी जास्त चांगले मानतो.) काडामुळे जमिनीवर तणनाशकाची फवारणी करता न आल्याने तण नियंत्रणाचे प्रश्न निर्माण होतात. (आता तणनाशकाचे वेगवेगळ्या परिस्थितीत वापरण्याचे भरपूर प्रकार बाजारात उपलब्ध असल्याने हाही फार मोठा प्रश्न होऊ शकत नाही. नांगरणीशिवाय शेती व प्रचलित पद्धतीसाठी योग्य तणनाशकांच्या वापराचा तुलनात्मक अभ्यास झाल्यास शेतकऱ्यासाठी ते फायदेशीर ठरेल. असा अभ्यास पीकवार, भागवार होणे गरजेचे आहे.) तज्ज्ञ लिहितात, की संवर्धित शेतीत कीड, रोग व तणांचे प्रकार बदलतात. काड कुजत असताना काही रसायने तयार होतात, त्याचा पुढील पिकाच्या वाढीवर परिणाम होऊ शकतो, असा उल्लेख आहे. (काड कुजत असताना जी रसायने निर्माण होतात, त्यांचा जमिनीला व पिकाला फायदाच होत असतो. कुजणारे अवशेष नांगरून जमिनीच्या वरच्या थरात मिसळले तर मात्र पुढील पिकाच्या वाढीवर अनिष्ट परिणाम होतो. कुजण्याच्या क्रियेचा जैवरसायनशास्त्रीय अभ्यास शेती शास्त्रात सहसा केला जात नाही, यामुळे या क्षेत्रात अनेक गैरसमज आहेत.)

पेरलेल्या गहू पिकातही मूळ कुजव्या रोग होऊ शकतो. गव्हानंतर कॅनोना हे फेरपालटाचे पीक काही भागात घेतले जाते. गव्हाच्या काडामुळे कॅनोनाचे उत्पादन घटते असे संदर्भ दिले आहेत. कॅनोनाचे बी अतिशय लहान असते. उगवण व प्राथमिक वाढ काडात नीट होऊ शकत नाही, तसेच काडामुळे काही रोगांचा प्रादुर्भाव कॅनोना पिकावर होऊ शकतो. कॅनोनाप्रमाणेच लुपिक या फेरपालटाच्या पिकावरही गव्हाच्या काडाचा दुष्परिणाम होतो, असे लिहिले आहे. हा दुष्परिणाम कमी करण्यासाठी पेरणी थोडी पुढे ढकलल्यास फायदेशीर होते.

गहू-मका फेरपालटात गव्हाच्या कापणीनंतर जवळपास सहा महिन्यांनी उन्हाळी मक्याची पेरणी होते. याचा मका पिकाच्या वाढीवर वाईट परिणाम होत नाही; परंतु उन्हाळी मका काढल्यानंतर त्याच्या कुट्टी केलेल्या काडात जर गहू पेरणी केली, तर गव्हाचे उत्पादन ५०% घटते, अशी नोंद आहे. इथे मक्याच्या काडाचे कर्ब : नत्र गुणोत्तर जास्त असणे हे कारण सांगितले आहे. याऐवजी जर रताळी हे त्यामानाने कमी गुणोत्तराचे पीक घेतले, तर त्याच्या काडाचा असा वाईट परिणाम होत नाही (इथे नेमके कारण शोधण्यासाठी आणखी जास्त अभ्यास होणे गरजेचे आहे असे वाटते). तज्ज्ञांनी अहवालात गहू - मका फेरपालटाच्या उत्पादनाचे आलेख दाखवले आहेत. त्यात सुरुवातीच्या तीन-चार वर्षांतील नांगरणीशिवाय शेतीतील उत्पादनाचे आकडे नांगरलेल्या शेतीपेक्षा कमी आहेत; तर चार वर्षांनंतर विना नांगरणीच्या शेतीतील उत्पादन वाढत चालल्याचे दिसून येते. यामागे जमिनीतून हळूहळू वाढत जाणारे सेंद्रिय कर्बाचे प्रमाण हेच मुख्य कारण असल्याचे नमूद केले गेले आहे.

नांगरणीशिवायची शेती

प्रकरण २५
नांगरणीशिवायच्या शेतीची वाटचाल

बिघडलेली जमीन, अनियमित पाऊसमान, खतांचे वाढलेले दर, मनुष्यबळ टंचाई, पूर्व मशागतीचा वाढता खर्च, रोग, कीड, पाणीटंचाई, वीज भारनियमन अशा संकटांच्या मालिकेला उत्पादनाच्या विक्रीत असणारी मंदी अशा अनेक कारणांमुळे शेती व शेतकरी आज प्रचंड संकटातून जात आहे. अशा परिस्थितीत उत्पादन खर्च कमी करून उत्पादन वाढवणे याला फार मोठे महत्त्व आहे. शून्य मशागत तंत्र व तण व्यवस्थापन ही दोन तंत्रे या परिस्थितीतून मार्ग काढण्यासाठी शेतकऱ्याला मदत करू शकतील.

२००५ मध्ये नांगरणीशिवायच्या शेतीला माझ्या शिवारात प्रारंभ झाला. त्याला आता १० वर्षे झाली. १० वर्षांत या शेती करण्याच्या तंत्रात गरजेप्रमाणे पुढे सतत बदल करत गेलो.

कांडी लावणीऐवजी रोप लावण

नांगरणीशिवायच्या शेतीमध्ये उसाची लावण सुरुवातीला सरीच्या तळात, बळिरामचे एक तास किंवा पॉवर टीलरला मधे फक्त चार दात ठेवून सरीच्या तळात एक तास मारून कांडी पुरण्यापुरती मशागत करत असे. अशा क्षेत्रात वरंब्यावर कांड्या अंथरून पुढे नेहमीप्रमाणे कांडी मांडून सरीत पाणी सोडून पायाने कांडी मातीत दाबून लावण करत होतो. पुढे रोपे तयार करून लावण करू लागलो. सुरुवातीला जमिनीत रोपे तयार करत असे. पुढे ट्रे व कोकोपीट ही पद्धत आल्यानंतर ट्रेमध्ये रोप तयार करण्याचे तंत्र अवगत केले. रोपे लावण करत असता सरीमध्ये बळिरामचे किंवा पॉवर टीलरचे एक तास मारण्याचे काम बंद झाले. फक्त कुदळीने सरीत रोप लावण्यापुरते भोक पाडायचे व त्यात रोप लावून टाकायचे. दोन माणसे पुढे कुदळीने भोक पाडण्यास व सहा बायका मागे रोपे लावण्यास

असा मनुष्यबळाचा संच रोपे लावण्याचे काम ४० आरसाठी दोन दिवसांत पूर्ण करतो. पूर्वी ज्या लावणीसाठी २०-२५ माणसे गोळा करावी लागत ते काम आता केवळ ८ माणसांकडून पूर्वीपेक्षा लवकर सुलभपणे करता येऊ लागले. मनुष्यबळ वापरात बचत करणे याला भावी काळात सर्वात जास्त महत्त्व येणार आहे.

रोपे तयार करण्याचे फायदे

बेणे खर्चात बचत हा सर्वात मोठा फायदा. भात पोसवल्यानंतर रोप तयार करावयाचे. पुढे भात कापणीस एक महिना व रोपे तयार होण्यास एक महिना कालावधी लागतो. भात कापणीच्या वेळी रोपे लावणीस तयार होतात. भात कापणीनंतर भात घरात टाकायचा, काड वाटेवर पडिक रानात उचलून नेऊन टाकायचे व लगेच दुसऱ्या-तिसऱ्या दिवसापासून कुदळीने भोके पाडून लावण उरकून घ्यावयाची व त्यानंतरच पिंजर वाळवायचे. भात वारे देऊन वाळवायचे काम करावयाचे.

रोपे लावणीमुळे कारखाना एक महिना लवकरची नोंद करतो. यामुळे सप्टेंबर अखेर लावण झाली तर ऑगस्ट अखेरच्या तारखेची नोंद होते. ज्या शेतकऱ्यांनी जमीन नांगरून सपाट जमिनीवर भाताची पेरणी केली आहे त्यांना जमिनीची नांगरणी, सऱ्या सोडणे, नाके करणे, सरीत बळिराम चालवणे अशी कामे केल्याशिवाय लावण करता येत नाही. या कामासाठी जमिनीला वापसा येण्याची वाट पाहावी लागते. पूर्व मशागतीत एखादा पाऊस पडल्यास काम आटोपण्यास १५ दिवस अथवा महिनाही पुढे जाऊ शकतो; तितका काळ तोडणीचे वेळापत्रक पुढेपुढे जाते. नांगरणीशिवायच्या शेतीत मशागतीचे पैसे वाचण्याबरोबर लावण लवकर उरकण्याचे काम सुलभपणे करता येते. एकाच वेळी गावात सर्वांच्या कापण्या व नवीन लावणी चालू असतात. या वेळी उपलब्ध मनुष्यबळाची टंचाई निर्माण होते. वरील पद्धतीत यातून सुटका होते. लावण उसाची तोड लवकर झाल्याने खोडव्याला जास्त कालावधी मिळतो. कारखान्याकडून लवकर पैसे मिळाल्याने आर्थिक व्यवस्थापन करणे सुलभ जाते. असे या पद्धतीचे अनेक फायदेच फायदे आहेत. पूर्वी लावणी उरकणे हे एक मोठे वार्षिक काम उरकण्याचा भाग वाटायचे. आता हे काम म्हणजे दैनंदिन किरकोळ कामाचाच एक भाग झाला आहे.

शून्य डिझेलची शेती

लावणीसाठी सरीमधून एक पॉवर टीलरचे तास मारण्यास ४० आरसाठी २ ते ३ लीटर डिझेल लागत असे. त्या काळात प्रति एकर प्रति वर्ष माझी शेती ०.६ ते १ लीटर डिझेलवर चालत होती. पुढे कांडीतून रोपाकडे गेल्यानंतर याचाही वापर बंद झाला. भरणी अगर आंतरमशागतीसाठी पॉवर टीलरऐवजी बैलांचा वापर केल्यास शून्य लीटर डिझेलवरची शेती करता येणे शक्य आहे. रोपे अगर बाजारातून व रानातून खत वाहतुकीस लागले असतील तितके डिझेल हा थोडा अपवाद मानावा लागेल. एक मीटरच्या सरीत हे काम चांगले होते. आता सर्वत्र पूर्वीच्या १ मीटर सरीतील अंतर वाढवण्यास प्रारंभ झाला आहे. मी अशी वाढवलेली अंतरे कमी करून परत एक मीटरकडे येण्यास प्राधान्य देत आहे. गेल्या काही वर्षांत शेतीत सर्वत्र डिझेलचा वापर प्रचंड वेगाने वाढत चालला आहे. यावर होणाऱ्या खर्चाबरोबर पर्यावरणासाठी हे हानिकारक आहे. यामुळे वरील पद्धत पर्यावरणपूरक आहे.

इतर काही फायदेशीर नोंदी

माझ्या वेगवेगळ्या जमिनीत काही बांधांच्या कडेने ओहोळ वाहतात, तर एके ठिकाणी विहीर आहे. ओहोळ किंवा विहिरीकडेच्या दोन-चार सऱ्यांत पाणी फार वेगाने निचरून गेल्याने बाकी रानाच्या तुलनेत लवकर वापसा येत असे. प्रत्येक पाण्याच्या पाळीने पाण्याची थोडीफार ओढाताण झाल्याने अशा कडांचे पीक नेहमीच डावे असे. ओहोळाकडेच्या बांधावर धूप होऊ नये म्हणून मोठे वृक्ष आहेत. त्यांची मुळे व सावली यांमुळेही तेथील ऊस नेहमी डावाच येत असे. असेच होणार हे गृहीतच धरले गेले होते. शून्य मशागत शेती चालू केल्यानंतर या कडेच्या रानातही आता आतल्यासारखेच पीक येत आहे. याला दोन कारणे आहेत. शून्य मशागतीत मागील अवशेष सतत कुजत राहिल्याने जमिनीतील सेंद्रिय कर्बाची पातळी वाढते, जलधारण शक्ती वाढते. नांगरून पोकळ केलेल्या जमिनीतील ओलावा वाऱ्याने लवकर जातो. जलद निचऱ्याबरोबर जलद बाष्पीभवनामुळे या दोनही पाण्याच्या नाशाला शून्य मशागतीत आळा बसतो. पाणी टंचाईच्या काळात शून्य मशागतीत पीक जास्त तजेलदार राहते; तर पावसाचे अगर ओलिताचे पाणी गरजेपेक्षा जास्त

झाल्यास निचरा होऊन जमीन वापसावर येते. शून्य मशागतीचा हा फायदा शेतकऱ्यांना लाभ देणारा आहे.

शून्य मशागत तंत्रात तणांचे व्यवस्थापन

मी शून्य मशागत तंत्राकडे वळण्यास कारण सेंद्रिय खत जमिनीला पुरेसे देता येत नसल्याने पिकाचे अवशेष जागेवरच कुजवून त्यातून फुकटात जागेलाच सेंद्रिय खताचा पुरवठा होईल हे कारण होते. पिकाचे जमिनीखाली अवशेष कुजून त्याचे जे खत जमिनीला मिळते त्याचा दर्जा आपण आजवर वापरत आलेल्या पिकाच्या वरील भागापासून तयार झालेल्या खताच्या (शेणखत कंपोस्ट) तुलनेत खूपच वरचा असतो हे ध्यानात आले. पिकांची मुळे व बुडखा चांगला. मग हाच नियम तणांना का लावू नये या विचाराने तण निर्मूलनाऐवजी तण व्यवस्थापन असा नवीन अभ्यासाचा विषय सुरू झाला. तणे तणनाशकाने जागेवरच मारल्याने तणांच्या वरील भागाचे आच्छादन होते तर खालील भागाचे जमिनीत खत व हवेचे व्यवस्थापन होते. तणे मारण्यासाठी तणनाशकावर जितका खर्च होईल त्यापेक्षा जास्त किमतीचे खत यातून जमिनीला मिळाले पाहिजे. याचा अर्थ तण व्यवस्थापनात शेतकऱ्याला कोणताही खर्च करावा न लागता फुकट भरपूर चांगल्या दर्जाचे सेंद्रिय खत जागेवरच मिळाल्याने हा उपक्रम खर्चाचा न राहता एक उत्पन्नाची बाब ठरतो.

तण निर्मूलन मग ते मानवी, रासायनिक अथवा यांत्रिक कुठलेही असो पूर्वी मोठ्या खर्चाच्या बाजूचे होते. आज याचे उत्पन्नाच्या बाबीकडे वर्ग झाल्याने शेतकऱ्याच्या उत्पादनात खूप बचत होणार आहे, जे आज सर्वात गरजेचे आहे. मनुष्यबळात बचत हा दुसरा फायदा आहेच; परंतु त्यापेक्षा मुबलक सेंद्रिय खत पीक काढत असताना जागेवरच निर्माण झाल्याने त्याचा जमिनीला व पिकाच्या वाढीसाठी होणाऱ्या परिणामांचा फायदा केवळ पैशाच्या स्वरूपात मोजणे अवघड आहे.

तण व्यवस्थापनातील सुप्त शक्ती

मागील दोन वर्षांत तणे जमिनीच्या सुपीकतेसाठी व पिकाच्या वाढीसाठी काय करू शकतात याचे काही नवीन अनुभव आले ते शेतकऱ्यांसाठी खूप उपयोगी आहेत. माझे एक १० आर रान जरा बाजूला असल्याने उसाच्या रोपांची लावण झाल्यानंतर जवळजवळ एक ते दीड महिना तिकडे दुर्लक्ष झाले. त्या काळात थोडा पाऊस असल्याने सर्व रानात जोमदार तणांची वाढ झाली होती. तणांच्या वाढीखाली रोपे पूर्ण झाकली गेली होती. तणे बाजूला करून पाहिली असता रोपे जिवंत असल्याचे दिसले. परंतु एक ते दीड महिन्यांत त्यांची वाढ अजिबात झाली नव्हती. पिकाच्या प्राथमिक अवस्थेत तणामुळे इतका काळ पिकाची वाढ खुंटल्याने चालू वर्षी त्या रानातून फारसे चांगले उत्पादन मिळण्याची आशा संपुष्टात आली होती. अशा परिस्थितीत ४० आरला २५-४० टन उत्पादन मिळाले तरी हरकत नाही. यापुढे जरा जास्त लक्ष देऊ असे ठरवले.

रोपाभोवतालचे तण हाताने जमिनीबरोबर दाबले व रोपांना उघडे करून सूर्यप्रकाश मिळू दिला. तणनाशकाने रोपांवर अजिबात न पाडता फवारणी करून संपूर्ण तण मारले. एकही तण उपटून काढले नाही. पिकाला खताचा हप्ता व पाणी चालू केले. पुढे अनुकूल परिस्थिती मिळताच पिकाची वाढ सुरू झाली. दोन-चार आठवड्यांत पिकाने असा काही वाढीचा जोर घेतला, की सुरुवातीला या पिकाची प्रचंड कुचंबणा झाली होती असे सांगूनही कोणी मान्य केले नसते. पानांची वाढ अतिशय जोमदार होती. रंग इतका चमकदार, स्वच्छ, रोगकीड मुक्त होता, की गेल्या कित्येक वर्षांत असा रंग पाहिल्याचे आठवत नव्हते. पुढे कारखान्याला उसाची तोड झाली. ४० आरमध्ये ६० टनाप्रमाणे उत्पादन मिळाले. मागील कित्येक वर्षे ६० टनाचे उद्दिष्ट गाठण्यासाठी अनेक गावठी व आधुनिक खर्चीक उपाय करूनही उद्दिष्ट गाठले जात नव्हते. या प्रसंगाने पीक उत्पादनासाठी तणे काय करू शकतात याचा एक मोठा धडा मिळाला आणि त्याने ज्ञानात भर घातली. यातून प्रत्येकाने आपल्या रानात भरमसाट तणे वाढवावीत असे मला सुचवायचे नाही. अपघाताने शिकवलेल्या ज्ञानाचा पीक उत्पादनासाठी भावी काळात कसा उपयोग करून घ्यायचा यावर शेतकरी बंधूंनी चिंतन करणे गरजेचे आहे.

रानात तणे वाढवण्यासाठी मुद्दाम जागा उपलब्ध करून देणे

वरील अनुभवातून रानात तण वाढवले पाहिजे हे

लांब अंतरावर ऊस लावण

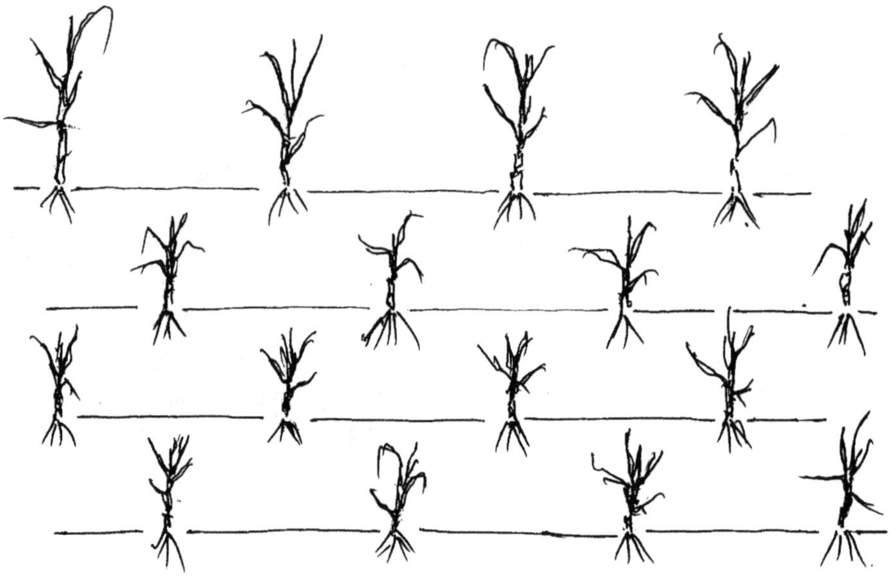

सरीतील अंतर ३ फूट, रोपातील अंतर ६ फूट
नागमोडी पद्धतीने लावण

रोपाजवळ तणमुक्त, दोन रोपांमध्ये तणे वाढवणे

सेंद्रिय खतातील उच्चनीचता

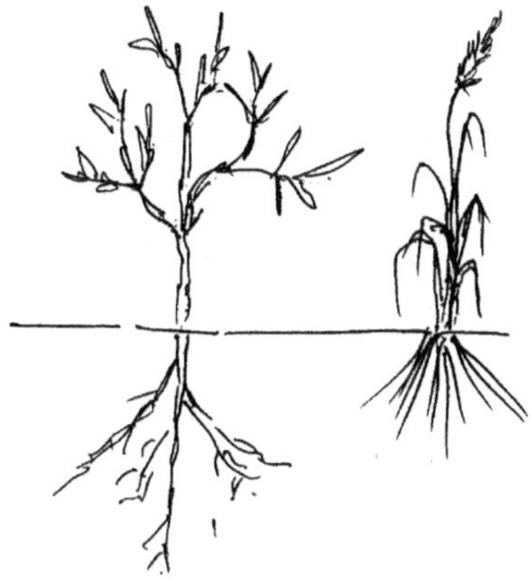

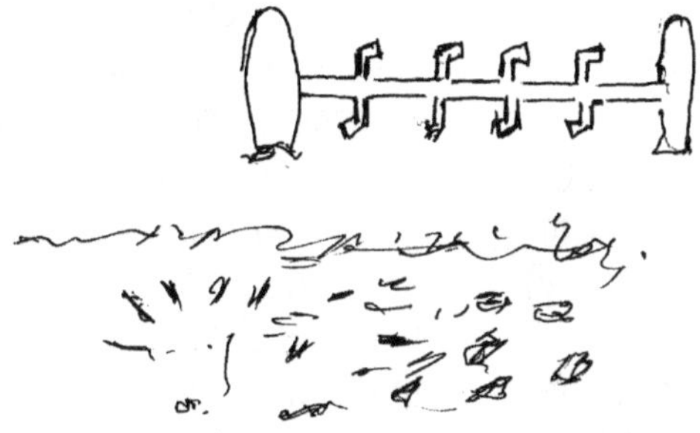

पक्के ठरले होते. तण जर वाढवायचे असेल तर त्यासाठी थोडी जागा उपलब्ध करून द्यावी लागेल. अशी जागा देण्यासाठी पिकाखालील काही क्षेत्र कमी करून ते तणासाठी उपलब्ध करून देता येईल का, यावर चिंतन सुरू झाले. आजपर्यंत मी दोन पिकांच्या ओळीतील मधल्या वरंब्याच्या जागेचा तण वाढवण्यासाठी उपयोग करत होतो. आता पिकाच्या ओळीतच तणे वाढवण्याचा विचार करू लागलो. ऊस आपण इतका गरजेपेक्षा दाट वाढवतो की भरणीच्या (खांदणीच्या) वेळी दोन-अडीच लाख उसाची रोपे ४० आर क्षेत्रात वाढत असतात. महाराष्ट्रात सर्वत्र असेच चित्र आहे. भरणीनंतरच्या जोमदार वाढीच्या अवस्थेत 'बळी तो कान पिळी' या उक्तीनुसार चांगले जोमदार कोंब वाढतात व बाकीचे मरून जातात. तोडणीच्या वेळी ३० ते ४० हजार ऊस मिळतात. आता या भरण्यांना वाढवण्यापेक्षा त्यांची जागा तणे वाढवण्यासाठी वापरण्याचा निर्णय घेतला. ३ फुटांच्या सरीत दोन रोपांत ६ फूट तर ४ फुटांच्या सरीत दोन रोपांत ४ फूट अंतर ठेवून लावणी केली. रोपालगतची जागा स्वच्छ ठेवून तणामुळे पीक व तणांची सूर्यप्रकाशात स्पर्धा होणार नाही अशा पद्धतीने दोन रोपांमध्ये मिळणाऱ्या ३-४ फूट जागेत भरणीपर्यंत दोन-तीन वेळा तणे वाढवून मारण्यात आली. तणांच्या वाढीसाठी मुद्दाम जागा देऊन तणाकडून सेंद्रिय खत मिळवणे असे या प्रयोगाचे उद्दिष्ट आहे. असे प्रयोग लांब अंतरावरच्या हंगामी पिके अथवा फळबागा अशा कोणत्याही पिकात तणाकडून सेंद्रिय खत मिळवणे शक्य आहे.

तणाकडून सेंद्रिय खत वेगळा दृष्टिकोन

आपण नेहमी वापरतो ते शेणखत कंपोस्ट खत जनावरांचे शेण व गदाळा यापासून तयार केले जाते. यासाठी वापरला जाणारा कच्चा माल म्हणजे वैरण ही दोन-तीन प्रकारच्या वनस्पतीपासून वापरली जाते. या व्यतिरिक्त वैरण म्हणून वापरली जाणारी वनस्पती पिकाच्या जमिनीवर वाढणाऱ्या गटातील असते. त्यामुळे हा खतासाठी हलक्या दर्जाचा कच्चा माल ठरतो. हिरवळीचे खत ताग अगर ढेंच्या या द्विदल कडधान्यवर्गीय काडात कर्बाच्या तुलनेत नत्राचे प्रमाण जास्त असल्याने या काडाचे खत हलक्या दर्जाचे असते. मेंढरे, शेळ्या वनस्पतींचे शेंडेच खातात. त्यामुळे लेंडीखत

हलक्या दर्जाचे असते. प्रामुख्याने सेंद्रिय खत म्हणून वापरल्या जाणाऱ्या या पारंपरिक खतांच्या प्रकारांच्या तुलनेत तणामध्ये इतकी विविधता असते की मोजता येणार नाही. यामध्ये एकदल व द्विदल अशा दोनही प्रकारची तणे असतात. एका शास्त्रज्ञाने दिलेला संदर्भ अभ्यासात आला तो असा की, उत्तम दर्जाच्या खतासाठी द्विदलवर्गीय वनस्पतीपेक्षा एकदल चांगल्या. एकदलमध्ये काडामध्ये कर्बाच्या तुलनेत नत्राची टक्केवारी कमी असल्याने असे काड सावकाश कुजते व टिकाऊ म्हणजे अशी तणे जागेलाच जर तणनाशकाने मारली तर द्विदल तणांच्या सोटमुळापेक्षा एकदल तणांची तंतुमय मुळे कुजल्यानंतर जमिनीच्या सुपीकतेत फार मोठी सुधारणा करू शकतात. या संदर्भांचा अभ्यास केल्यानंतर असे लक्षात आले की, द्विदल तणांच्या तुलनेत एकदल व गवतवर्गीय तणांची संख्या कित्येक पटीने जास्त आहे. तसेच या गवतांचे मोजता येणार नाही इतके प्रकार आढळतात. तणे आपोआपच उगवतात. त्यासाठी बियांसाठी कोणताच खर्च नाही.

आणखी एक निरीक्षण शेतकऱ्यांसाठी महत्त्वाचे आहे. पिकाच्या सुरुवातीच्या काळात मारलेली तणे लगेच कुजू लागतात व त्याच्या खतांचा उपयोग लगेच त्याच पिकासाठी होतो. आपण एखाद्या हंगामी पिकाची कापणी केल्यानंतर जमीन लवकर नांगरली नाही व पाऊस पडत असेल (उदाहरणार्थ, खरीप पीक कापणीनंतर) तर रानामध्ये मोठ्या प्रमाणावर तणे माजतात. अशा वेळी जमीन न नांगरता तणे तणनाशकाने मारायची व तणे वाळून जाताच पेरणी करायची.

रबी ज्वारीचे क्षेत्र महाराष्ट्रात खूप मोठ्या प्रमाणावर आहे. खरिपात या जमिनी रिकाम्या ठेवल्या जातात. त्या सतत कुळवाच्या पाळ्या मारून तणविरहित ठेवण्याची शेतकऱ्यांची धडपड चालू असते. यासाठी शेतकऱ्यांचा खूप पैसा खर्च होतोच; शिवाय पाऊस जोरात पडल्यास जमिनीची धूप मोठ्या प्रमाणावर होऊ शकते. जमिनीला तणाकडून फुकट सेंद्रिय खत मिळवण्याचे तंत्र पूर्वीच्या शेतकऱ्यांना योग्य तणनाशकाची उपलब्धता नसल्याने वापरात आले नाही. आता अशी तणनाशके बाजारात उपलब्ध असल्याने खरिपात तणे वाढवून पेरणीपूर्वी एक ते दीड महिना अगोदर ही तणे मारून टाकायची व पुढे योग्य वेळी शून्य मशागतीवर पेरणी करावयाची. ज्वारी तिफणीने पेरली जाते. शून्य मशागतीवर तिफणीने पेरणी होणे शक्यच नाही, अशी शंका अनेक शेतकऱ्यांच्या मनात येईल. काही शेतकऱ्यांनी प्रत्यक्ष घेतलेले अनुभव कळवले आहेत की, सतत मशागत करून स्वच्छ ठेवलेल्या रानाच्या तुलनेत तणे मारून टाकलेल्या रानात तिफण कित्येक पटीने उत्तम चालते.

सोलापूर जिल्हा रबी ज्वारीसाठी प्रसिद्ध आहे. तेथील दोन शेतकऱ्यांनी कळवलेले अनुभव मोठे मजेशीर आहेत. काही घरगुती अडचणींमुळे खरिपात ज्वारीच्या शेतात त्यांना कुळवाच्या पाळ्या मारता आल्या नाहीत. शेतात अतोनात तण वाढले. आता यंदाचा हंगाम सोडून द्यावा लागेल अशी त्यांची खात्री झाली होती. पुढे त्यांनी तणनाशकाने तणे मारली व ज्वारीची पेरणी केली. त्यावर्षी त्यांच्या आयुष्यात कधी पिकली नव्हती इतकी ज्वारी पिकली.

आमचे एक रान त्रिकोणी आहे. यामुळे त्या रानाच्या काही सऱ्या भरपूर लांब तर काही अगदी कमी लांबीच्या. ओलीत करत असता लांब सऱ्यात अगदी पाणी चांगले मुरण्यास वाव मिळाल्याने तेथील पीक पुढील पाळीपर्यंत हिरवेगार राहत असे. त्या तुलनेत आखूड सऱ्यात सोडलेले पाणी लगेच कडेला गेल्याने मुरण्यास वाव मिळत नसे. प्रत्येक पाण्याच्या पाळीत आखूड सऱ्यातील पिकाला पाण्याचा ताण बसल्याने त्यात पीक नेहमीच डावे आले असा गेल्या कित्येक वर्षांचा अनुभव. मागील दोन-तीन वर्षे तण व्यवस्थापन केल्यानंतर या आखूड सऱ्यातील ऊस आता लांब सऱ्याइतकाच चांगला येऊ लागला आहे.

महाराष्ट्रात ऊस शेतीत पोका बोईंग हा रोग सार्वत्रिक आहे. बारकाईने लक्ष ठेवले तरच याची लक्षणे दिसतात. या रोगामुळे वाढीचा वेग मंदावतो. पानातील हरितद्रव्य कमी झाल्याने उत्पादनात मोठ्या प्रमाणात घट येते. हा रोग उन्हाळ्यात बळावतो. या काळात पिकांची उंची जास्त असते. बारकाईने पाहिले नाही तर रोगाची जाणीव फारशी होत नाही. यामुळे या रोगासाठी फारसे पीक संरक्षण केले जात नाही. औषधाची फवारणी केल्यास वाढीतील फरक नजरेत भरण्यासारखा दिसतो. पूर्वी माझ्या दोन-तीन फवारण्या या रोगासाठी होत. अलीकडे तण व्यवस्थापनानंतर फवारणी

करण्याची गरज भासली नाही. लोकरी मावा अनेक शेतकऱ्यांच्या शेतात आहे. चालू वर्षी माझ्या कोणत्याही पिकांत याची नोंद नाही. याचे सर्व श्रेय तण व्यवस्थापन व शून्य मशागतीतून निर्माण झालेली जमिनीची सुपीकता यालाच द्यावे लागेल.

बिघडलेली जमीन, अनियमित पाऊसमान, खतांचे वाढलेले दर, मनुष्यबळ टंचाई, पूर्व मशागतीचा वाढता खर्च, रोग, कीड, पाणीटंचाई, वीज भारनियमन अशा संकटांच्या मालिकेला उत्पादनाच्या विक्रीत असणारी मंदी अशा अनेक कारणांमुळे शेती व शेतकरी आज प्रचंड संकटातून जात आहे. अशा परिस्थितीत उत्पादन खर्च कमी करून उत्पादन वाढवणे याला फार मोठे महत्त्व आहे. शून्य मशागत तंत्र व तण व्यवस्थापन ही दोन तंत्रे या परिस्थितीतून मार्ग काढण्यासाठी शेतकऱ्याला मदत करू शकतील. पहिली हरित क्रांती जमिनीच्या सुपीकतेकडे दुर्लक्ष झाल्यामुळे पुढे बदनाम झाली. आता दुसऱ्या हरित क्रांतीची मागणी होत आहे. या हरित क्रांतीच्या तंत्रातही सुधारित बियाणे, खते, औषध यंत्रे यांच्याकडे जितके लक्ष दिले जात आहे. त्या तुलनेत जमिनीच्या सुपीकतेकडे यातील ज्ञानी मंडळीचे आजही दुर्लक्षच होत आहे, असे खेदाने म्हणावे लागते. शून्य मशागत तंत्राला मशागत क्रांती असे नाव देण्यात आले आहे; तर तण व्यवस्थापनाला तण क्रांती असे म्हणावे लागेल. तणाकडे आज अत्यंत विकृत भावनेने पाहिले जात असल्याने तण क्रांती हा शब्द अतिरेकी वाटण्याची शक्यता आहे. परंतु माझा गेल्या चार-पाच वर्षांचा अनुभव तणात खरोखरच शेतीत क्रांती करण्याची सुप्त शक्ती आहे, असे मला सांगत आहे. नवीन तंत्रे विकसित होत असता ती स्वस्त, सुलभ असावीत. लहानात लहान, गरीब शेतकरी, ज्याच्याकडे सर्व प्रकारच्या संसाधनांची वानवा आहे, अशा शेतकऱ्यालाही उपयोगी पडणारी असावीत. आज सुधारित या नावाखाली फक्त खर्चीक तंत्रेच शेतकऱ्यापुढे आणली जातात. याचा अर्थ अशी तंत्रे अजिबात नकोत असे नाही. वरील तंत्रे लहानांपासून मोठ्यांपर्यंत कोणीही हाताळू शकेल अशी आहेत.

●

प्रकरण २६

काही शेतकऱ्यांचे अनुभव

१) श्री. बाळासाहेब पाटील
वरणगे पाडळी, ता. करवीर, जि. कोल्हापूर
मो. ९९२२९०८४८५
नांगरणीशिवाय शेती करण्याची जबर इच्छा होती. शून्य मशागतीवर ५० आर भातपीक घेतले. ५० आर क्षेत्रात ५० पोती भात पिकले. पुढे त्याच सरी वरंब्यावर फक्त सरीच्या तळात मशागत करून उसाची लागण केली. ऊस पीक चांगले आहे. ही पद्धत प्रचलित पद्धतीपेक्षा पूर्णपणे वेगळी असल्याने भात पेरणीपासून कापणीपर्यंत प्रत्येक काम चर्चा करून पूर्ण माहिती घेऊन मगच केले.

२) श्री. महेश यादव
मु. पो. गाडेगोंडवाडी, ता. करवीर, जि. कोल्हापूर
मो. ९८६०६६३१९५
ऊस गेल्यानंतर पाला बाजूला काढून खोडवे ग्लायसेलने मारून गेली चार वर्षे नांगरणीशिवाय शेती पद्धतीने भाग पिकवतात. भाताच्या रानात डोकी नांगरीने रेघा पाडल्या जातात. त्यात ओळीने भात विस्कटून टाकून हाताने मुजवून पेरणी केली जाते. जमीन हलकी माळरानाची आहे. या पूर्वी मशागत करून भात करत असताना भात पिवळे पडत असे याला 'पोकळी जाणे' अगर स्थायिक भाषेत 'मिरा लागणे' असे म्हणतात. नांगरणीशिवाय शेती पद्धत चालू केल्यानंतर हा प्रश्नच संपुष्टात आला. मशागत बंद केल्यानंतर पूर्वीपेक्षा उंदरांचा त्रास खूप कमी झाला. या पद्धतीबाबत इतर शेतकऱ्यांना स्वतः माहिती देऊन मशागतीशिवाय शेती पद्धतीने भात पीक देण्यास उद्युक्त करत आहेत.

३) श्री. निवृत्ती मिढारी
गाडेगोंडवाडी, ता. करवीर, जि. कोल्हापूर
या पद्धतीमुळे पहिल्यापेक्षा भाताचे चांगले उत्पादन मिळाले. हलक्या जमिनीत भातानंतर नांगरणीशिवाय शेती पद्धतीने ऊस लावला. पिकाला पूर्वीप्रमाणे पाण्याचा ताण बसला नाही. जुने खोडवे नांगरले नसल्याने लावणीची भरणी करण्यास बराच त्रास होईल असे वाटत होते. प्रत्यक्षात अजिबात त्रास झाला नाही. भात पिकाला पाणी पाजणे सोपे गेले.

श्री. सखाराम चौगुले, गाडेगोंडवाडी, ता. करवीर, जि. कोल्हापूर, यांनी वरीलप्रमाणेच अनुभव नमूद केले आहेत व खासकरून मिरा लागणे (भात पोकळी जाणे) बंद झाल्याचे आवर्जून नमूद केले आहे.

४) श्री. शहाजी नानासाहेब मिठारी
गाडेगोंडवाडी, ता. करवीर, जि. कोल्हापूर
हे अल्पभूधारक शेतकरी असून गेली सहा वर्षे नांगरणीशिवाय शेती पद्धतीने भात पिकवत आहेत. त्यांची स्वतःची सात गुंठे बागायत शेती आहे. त्यात लागण-खोडवे-भात अशा फेरपालटाने वरील पद्धतीने शेती करत आहेत. त्यांना सात गुंठ्यांत नऊ पोती भात व लागणीचे ४० आरला ५० टन याप्रमाणे उत्पादन मिळाले. त्यांची तीन गुंठे कोरडवाहू शेतीही आहे. आता तीही नांगरणीशिवाय शेती पद्धतीनेच पिकवत आहेत. कोरडवाहू भाताचे उत्पादनही पूर्वीपेक्षा वाढले, असे त्यांनी सांगितले.

५) श्री. दगडू पांडुरंग मिठारी
गाडेगोंडवाडी, ता. करवीर, जि. कोल्हापूर
ग्लायसेल तणनाशकाने खोडवे मारून २० आर क्षेत्रावर नांगरणीशिवाय शेती पद्धतीने भात शेती केली. नांगरणीशिवाय शेतीमुळे हुमणीचा प्रादुर्भाव पहिल्यापेक्षा कमी झाला. त्यांच्या क्षेत्रात चुनखडीचे प्रमाण जास्त आहे. अशा जमिनीत सहसा भात पीक चांगले मिळत नाही. भात पिवळे पडते, असा शेतकऱ्यांचा सार्वत्रिक अनुभव आहे. त्यांचाही असाच अनुभव होता. या पद्धतीनंतर या क्षेत्रात भाताचे पीक आता उत्तम येत आहे. मागील चार वर्षांपासून ते या पद्धतीने भात घेत आहेत.

(टीप : त्यांनी नमूद केलेले वरील दोन अनुभव

माझ्यासाठी नवीन आहेत. नांगरणीशिवाय शेती पद्धतीने खोडव्यानंतर सूर्यफूल व सूर्यफुलानंतर ज्वारी घेतली. त्यांच्या शेतीच्या अवतीभावती जमीन नांगरून पेरलेले ज्वारीचे क्षेत्र होते. नांगरून पिकवलेल्या ज्वारीच्या तुलनेत त्यांना मिश्रपीक घेऊनही इतरांच्या तुलनेत दुप्पट उतारा मिळाला. ज्वारी पिकाचा प्रयोग त्यांनी स्वतःच्या बुद्धीने या पद्धतीवर विश्वास बसल्यामुळे केला व त्यात ते यशस्वी झाले. ज्वारी हे माझे पीक नाही यामुळे या प्रयोग मी स्वतः करू शकत नाही. परंतु नांगरणीशिवाय शेती पद्धती ज्वारी पिकात जावी अशी माझी इच्छा होती.)

६) श्री. भगवान ताकभाते आणि शहाजी म्हेत्रे

मु. पो. श्रीपतपिंपरी, ता. बार्शी, जि. सोलापूर

या दोन शेतकऱ्यांना घरातील अडचणींमुळे त्यांना ज्वारीच्या क्षेत्राची पेरणीपूर्व मशागत करता आली नाही. ताकभाते यांचे ५० आर, तर म्हात्रे यांचे दोन हेक्टर क्षेत्र आहे. पाऊस सुरू झाल्याने मशागत करून ज्वारी पेरणे अशक्य झाल्यावर नाईलाजाने नांगरणीशिवाय शेती पद्धतीने ज्वारी पेरण्याचा निर्णय घेतला. अशा पद्धतीने ज्वारी पिकवणे हा इतर शेतकऱ्यांसाठी थट्टेचा विषय होता. तणावर ग्लायसेल मारून काकर मारून ज्वारीची पेरणी केली. उगवण चांगली झाली. बाकी सर्व निगराणी नेहमीप्रमाणे केली. दोन्ही शेतकऱ्यांना आजपर्यंतचे त्यांच्या आयुष्यातील विक्रमी पीक मिळाले. सर्वसामान्यपणे १०० पेंडी कडब्यासाठी एक पोते ज्वारीचे उत्पादन होते. या पद्धतीने ७०० पेंडी कडब्यातून १५ पोती ज्वारी मिळाली. परिस्थितीतून स्वीकारलेले नांगरणीशिवाय शेतीचे तंत्र मशागतीला वेळ व सवड मिळाल्याने नंतर त्यांनी सोडून देऊन मशागत केली, असे प्रत्यक्ष भेटीत निदर्शनात आले. या शेतकऱ्यांनी नांगरणीशिवाय शेतीचा अभ्यास करून हे तंत्र स्वीकारले नव्हते.

७) श्री. आनंद कुलकर्णी

मु. पो. श्रीपतपिंपरी, ता. बार्शी, जि. सोलापूर

मो. ९६०४१६६६०३

आनंद कुलकर्णी नांगरणीशिवाय शेतीचा अभ्यास करत होते. अपघाताने घडलेल्या वरील प्रयोगावर सुरुवातीपासून शेवटपर्यंत त्यांचे बारकाईने लक्ष होते. वरील प्रयोगातील यश पाहून आपले आठ एकर ज्वारीचे क्षेत्र त्यांनी नांगरलेले नाही. २२/७/२०१२ रोजी प्रत्यक्ष त्यांच्या शेतीला भेट दिल्यावर ज्वारी पिकाबाबत बरीच नवीन माहिती मिळाली. त्यांच्या भागात बैलजोडीचे भाडे १००० रुपये आहे. पूर्वमशागत व पेरणी करण्याच्या कामात ज्वारीचा शेतकरी बैल भाड्याने भरडला जातो. ४० आरला जेमतेम २ ते ३ क्विंटल उतारा मिळतो. यात थोडा फरक पडला तर ज्वारी तोट्यात जाते. श्रीपत पिंपरीतील सर्व जमीन नांगरून पाळ्या देऊन पेरणीसाठी तयार केली आहे. २-४ दिवसांपूर्वी थोड्या वेळात प्रचंड पाऊस पडून नांगरणी केलेल्या सर्व रानांची मोठ्या प्रमाणात धूप झालेली दिसत होती. धुपीमुळे झालेली रानांची दुर्दशा पाहताना माझ्या मनाला अनंत यातना होत होत्या. तिकडील शेतकऱ्यांनी 'रोजचेच मढे त्याला कोन रडे' या उक्तीने हे सर्व स्वीकारण्याची तयारी ठेवली होती. पुढे आनंद कुलकर्णींच्या नांगरणीशिवायच्या क्षेत्राला भेट दिली. हे क्षेत्र नांगरलेले नसल्याने धुपीचे प्रमाण जवळपास शून्य होते. नांगरणीशिवाय शेती तंत्राच्या जोडीला श्री. कुलकर्णी यांनी आणखी काही परंपरेविरुद्धचे निर्णय अंमलात आणले होते. ज्वारी सर्वसाधारणपणे १८ उंच ओळीत अंतर ठेवून पेरली जाते. त्यांनी २८ उंच अंतराने मागील वर्षी पेरणी केली होती. ज्वारीचे ताट लपटून काढण्याची प्रथा आहे. बुडखा व मुळांचे जाळे जमिनीत ठेवल्यास जमिनीचा सुपीकतेच्या दृष्टीने प्रचंड फायदा होतो हे माझे उसातील तत्त्व त्यांनी वाचल्यानंतर आपल्या ८ एकर क्षेत्रातील ज्वारीचा कडबा उपटून न काढता त्यांनी कापून काढला. त्यासाठी त्यांना उपटण्यापेक्षा जास्त खर्च आला. जमिनीच्या सुपीकतेसाठी हे सोसण्याची तयारी त्यांनी ठेवली होती.

रानात तण वाढले होते. पेरणीपूर्वी औषधाने ते मारून ते पेरणी करणार आहेत. या सर्व बदलामुळे धूप कमी होण्यास आणखी मदत झाली. जुन्या पिकाचे अवशेष राखणे व तणे वाढवणे या नांगरणीशिवाय शेतीतील तत्त्वांचे त्यांनी तंतोतंत पालन केलेले दिसून आले. धुपीला प्रतिबंध करून त्यांनी पहिली लढाई जिंकली होती. त्याचा जमिनीला व पिकाला प्रत्यक्ष काय फायदा होईल हा संशोधनाचा विषय आहे. संवर्धित शेतीच्या चौथ्या अधिवेशनातील शोधनिबंधांचा अभ्यास केल्यास धूप प्रतिबंध हे जगभरच्या शास्त्रज्ञांनी

नांगरणीशिवाय शेती स्वीकारण्यामागील एक प्रमुख तत्त्व म्हणून नमूद केले आहे, याचा इथे खास उल्लेख करावासा वाटतो.

कडबा कापल्यास खराब होतो. यामुळे कडबा लपटूनच काढला जातो. कुलकर्णी म्हणतात, मी व्यापाऱ्याला कडबा विकून टाकणार आहे. तो खराब होतो का टिकतो याची काळजी व्यापारी घेईल. व्यापाऱ्याने त्यांना १०० रुपये कमी दर दिला. तो त्यांनी आनंदाने स्वीकारला. पैशापेक्षा जमिनीच्या सुपीकतेला त्यांनी प्राधान्य दिले. चालू वर्षी नांगरणीशिवाय शेतीसाठी एक छोटेसे अवजार त्यांनी पेरणीसाठी विकत घेतले आहे. बैलांची मदत न घेता पेरणी करण्याचा मानस ते बाळगून आहेत. अपयशाच्या भीतीने शेतकरी परंपरा बदलण्यास राजी नसतात. बहुतेक शेतकरी तारेवर चढून बसतात व बदल करणाऱ्याची थट्टामस्करी करण्यात आनंद मानतात.

अपयशाची चिंता न करता बदलाला सामोरा जाणाऱ्या व आर्थिक आघाडीवर उत्तम प्रकारे स्थिरस्थावर नसणाऱ्या या शेतकऱ्याच्या शेतीला भेट देण्यासाठी माझी पावले आपोआप तिकडे वळली व अपेक्षेपेक्षा जास्त समाधान मिळाले. बागायतपेक्षा जिरायत शेतकऱ्यांना नांगरणीशिवाय शेती जास्त मदत करेल, असा मला विश्वास वाटतो.

८) श्री. संतोष रामचंद्र पाटील

मु. पो. हसूर, ता. करवीर, जि. कोल्हापूर
मो. ७५८८१७२२५७

कोल्हापूरच्या कृषी महाविद्यालयातील शेतकरी शास्त्रज्ञ मंचाच्या माध्यमातून श्री. संतोष पाटलांची ओळख झाली. मंचाच्या माध्यमातून नांगरणीशिवाय शेती तंत्र स्वीकारणाऱ्या महेश यादवांनंतरचे संतोष पाटील हे दुसरे शेतकरी. संतोष पाटलांची शेती मोठी आहे. त्यांच्याकडे नेहमीच भाताचे मोठे क्षेत्र असते. मोठ्या शेताच्या व्यवस्थापनात कायमस्वरूपी मजूर रूपाने योगदान देणाऱ्यांनाच भातशेतीत भागीदार करून घेण्याची त्यांची पद्धत आहे. यामुळे भात शेतीसारखे जास्त प्रमाणावर मनुष्यबळ खाणारे पीक मोठ्या क्षेत्रावर घेणे त्यांना शक्य होते.

मजुरांना भागीदारीत भात शेती देऊन स्वतः स्वस्थ बसून मळणीच्या वेळी हिस्सा वसूल करणाऱ्या शेतमालकांपैकी संतोष पाटील नाहीत. स्वतः सर्व जमिनीची उत्तम मशागत करून, चांगले बियाणे, खते औषधे यांची स्वतःच्या पैशाने खरेदी करून सर्वांना यथोचित मार्गदर्शन करून त्यांच्या पदरातही जास्तीत जास्त धान्य कसे पडेल याची सतत काळजी घेणारे ते शेतकरी आहेत. तीन वर्षांपूर्वी मशागतीशिवाय जर भात पिकत असेल, तर चार एकर क्षेत्राची मशागत करण्याचा स्वतःला होणारा श्रम, वेळ व पैसा वाचवण्यासंबंधी ते माझ्या शेतीवर आले व दोन तास चर्चा करून त्यांनी संपूर्ण माहिती घेतली. त्यांना ती पटली व त्या पद्धतीने भात घेण्याचा निर्णय घेऊन ते परतले. चार-पाच दिवसांनंतर ते परत चर्चा करण्यासाठी भावासह आले व शंका समाधान झाल्यानंतर नांगरणीशिवाय भात करण्याचे त्यांनी पक्के केले.

घरच्या मंडळींनी त्यावेळी काहीशा नाइलाजानेच त्यांचा निर्णय स्वीकारला असावा असे वाटते. त्यांनी संकरित भात वाण निवडला व भाताची पेरणी केली. सर्व काळजी व्यवस्थित घेतली गेल्याने त्यांचे भात पीक अतिशय उत्तम होते. बियाणे कंपनीच्या प्रतिनिधीने भात प्रक्षेत्रास भेट दिल्यानंतर इतके चांगले भातपीक आजवर पाहिले नसल्याचे सांगितले व कंपनीतर्फे परिसरातील शेतकऱ्यांसाठी शेतकरी मेळावा आयोजित केला. कंपनीतर्फे भात वाणाचा गुणगौरव होणे स्वाभाविक होते. तरीही एकूण कार्यक्रमात नांगरणीशिवाय शेती करून भात पीक कसे चांगले येऊ शकते याच्या प्रबोधनालाच प्रथम प्राधान्य होते.

एक आर क्षेत्रात एक पोते भात मिळाल्यास ते उत्तम पीक समजले जाते. त्यावर्षी त्यांना एक आरसाठी दोन पोती उत्पादन मिळाले. दुसऱ्या वर्षी चार एकर भातात त्यांना १.५ पोते प्रति आरप्रमाणे उत्पादन मिळाले. तिसऱ्या वर्षी त्यांचे सात एकर भाताचे क्षेत्र होते. त्यात काही नैसर्गिक अडचणी आल्याने उत्पादन कमी मिळाले. कमी-अधिक उत्पादन मिळणे हे त्या त्या वर्षातील हवामानातील अनेक घटकांशीही संबंधित असते.

पूर्व मशागत करण्यात जाणारा वेळ, यंत्राची झीज व प्रामुख्याने डिझेल खर्चात होणारी बचत त्यांना महत्त्वाची वाटते. त्यांचे मुख्य पीक असणाऱ्या उसाला वाचणारा वेळ देता आल्यामुळे त्याचीही निगराणी चांगली करून त्यातून आणखी फायदा मिळू शकत असल्याचे त्यांनी नमूद केले. त्यांच्या नवीन भात शेती पद्धतीचा अभ्यास करून

त्यांच्या अनेक पै-पाहुण्यांनी ह्या पद्धतीकडे वळून भात शेती चालू केली आहे. काही कारणाने भात कापणीनंतर त्याच रचनेवर नांगरणीशिवाय शेती पद्धतीने ऊस पीक घेण्याचा प्रयोग त्यांना अजून तरी करता आलेला नाही.

९) श्री. चंद्रशेखर भडसावळे

सगुणा बाग, मु.पो. दहिवली, ता. कर्जत,
जि. रायगड
मो. ९८२२२८२६२३

कृषी पर्यटन महाराष्ट्रात प्रथम सुरू करून ते यशस्वीरित्या कसे राबवावे यासाठी भडसावळे यांनी अनेकांना मार्गदर्शन केले आहे. त्याचबरोबर खरीप हंगामात भात शेती व रब्बी उन्हाळी हंगामात कोकणात इतर अनेक पीके घेण्याचे शास्त्रशुद्ध प्रयोग त्यांनी केले आहेत. अखिल भारतीय भात संशोधन संस्था हैद्रबादचे ते सदस्य असून १० ते १५ एकरात ते भात शेती करतात. अनेक वर्षे सुधारित भात शेती करत सतत त्यात नवनवीन सुधारणा करण्याचा त्यांचा ध्यास आहे. २०११ मध्ये नांगरणीशिवाय भात शेती करण्याच्या प्रयोगाची सुरुवात त्यांनी केली.

उन्हाळी हंगामात गादी वाफ्यावर अनेक पिके त्यांनी घेतली होती. ३० जूनपर्यंत पावसामुळे या जमिनीवर मोठ्या प्रमाणात तण माजले होते. त्यांनी ते तण ब्रशकटरने कापले व त्यावर ग्लायसेल मारले. बांध फोडून पाणी बाहेर काढून दिले. गादी वाफ्यावर भाताची टोकण केली. काही क्षेत्रात गवत न कापता औषध मारले व टोकण केली. हा प्रयोग यशस्वी झाला नाही. ब्रश कटरने कापलेल्या गवतातील भाताचे पीक मात्र उत्तम आले. पहिल्या वर्षीचा हा प्रयोग १० आर क्षेत्रावर घेतलेला होता. मजूर टंचाईमुळे राब जाळणे, रोपे तयार करणे, चिखलणी व लावणी ही कोकणातील पारंपरिक भात शेती पद्धत करणे दिवसेंदिवस अवघड बनत चालले आहे. अनेकांनी भात शेतीच बंद करून टाकली आहे.

कोकणात देशावरील पद्धतीप्रमाणे पेरभात शेती करता आली तरच भावी काळात भात शेती तरेल. नांगरणीशिवाय वरीलप्रमाणे केलेली भात शेती हा इथे एक उत्तम पर्याय ठरू शकतो. २०१२ च्या हंगामात एकूण भात शेतीपैकी ४०-५०% भात शेती या पद्धतीने आता उभी आहे. (२ हेक्टर) पारंपरिक पद्धतीच्या तुलनेत भाताची वाढ चांगली आहे. प्रयोग नवा असल्याने काही अडचणी येतील व त्यावर मार्गही सापडतील. त्यांच्याकडे भात शेतीवर सतत अनेक प्रयोग चालू असतात. या प्रयोगाला त्यांनी प्र. चि. प्र. (प्रताप चिपळूणकर प्रयोग) असे नाव दिले आहे. कृषी विद्यापीठातील शास्त्रज्ञ, प्राध्यापक व परिसरातील अनेक शेतकऱ्यांची त्यांच्या शेतावर सतत ये जा चालू असते. भात पिकाशी संबंधिताला ते आवर्जून या नव्या पद्धतीची माहिती देतात. चिखलणी करून भात लावण्यात जमिनीची मोठ्या प्रमाणावर धूप होते. ह्या नव्या पद्धतीत तशी धूप होत नाही.

कोकणात बैल सांभाळणे परवडत नाही. भात शेतीतील कामे संपल्यानंतर अनेक ठिकाणी बैल मोकाट सोडून देण्याची प्रथा आहे. त्यामुळे अनेक नवीन प्रश्न निर्माण होतात. या पद्धतीत बैल पाळण्याची गरजच संपुष्टात येते. आता पॉवर टीलरने चिखलणी करण्याचे प्रमाण बैलांच्या पेक्षा सुलभ म्हणून वाढले आहे. त्याला डिझेल लागते. बाकी सर्व खर्च नेहमीप्रमाणे आहेतच. यात हे सर्व खर्च संपुष्टात येतात. त्यांचे क्षेत्र मोठे असल्याने पावसाळ्यातील सुरुवातीचे अनेक दिवस भात लावणी पूर्ण करण्यात ते गुंतलेले असतात. नवीन पद्धतीमुळे या कामातून फार लवकर रिकामे झाल्यासारखे त्यांना वाटत आहे. नवीन प्रयोग म्हटल्यावर यश-अपयश असतेच. त्यातून मार्गही निघत जातील. परिस्थितीचा रेटाच असा आहे, की कोकणातील शेतकऱ्यांना या पद्धतीबाबत विचार करावाच लागेल, असे त्यांचे मत आहे. कोकणात भात शेतीत रान (तणे) मोठ्या प्रमाणावर माजते व ते निंदणी करून काढणे अशक्य असते. आता अनेक नवीन तणनाशके बाजारात उपलब्ध आहेत. त्यातून हा प्रश्न खूपच सुलभ झाला आहे. म्हणूनच नांगरणीशिवाय शेतीच्या परिवर्तनाला सामोरे जाणे शक्य झाले आहे हे इथे मान्य करावेच लागेल.

केवळ हाच प्रश्न सोडवण्यासाठी राब जाळणे व चिखलणी ह्या पारंपरिक प्रथा पूर्वजांनी अनेक वर्षांच्या अभ्यासानंतर शोधल्या असाव्यात.

१०) श्री. जयवंत हरिश्चंद्र उर्फ दादा वाडेकर

मु. पो. ता. वाडा, जि. ठाणे
मो. ९२२६७२८१०१

जपानचे जगप्रसिद्ध सेंद्रिय शेतकरी व प्रचारक

मासानोबु फुकुओका आपली भात व सातू शेती नांगरणीशिवाय शेती पद्धतीने करतात. जमिनीची नांगरणी न करता पेरणी करण्यासाठी त्यांनी स्वतः चे असे खास तंत्र विकसित केले होते. उन्हाळ्यात मातीच्या गोळ्या तयार करून त्यात भाताचे दोन-चार दाणे टाकून सावलीत या गोळ्या वाळवून साठवून ते ठेवत. भात पेरणीच्या वेळी या गोळ्या रानात फेकून दिल्या की त्यांची पेरणी पूर्ण होत असे.

दादा वाडेकरांचा स्वतःचा फॅब्रिकेशनचा कारखाना असून नवीन यंत्रे बनवण्यात ते कासबी कारागीर आहेत. त्या जोडीलाच स्वतःची भात शेती ते सेंद्रिय पद्धतीने करतात. आपल्या कारखान्यात फुकुओकाच्या पद्धतीने गोळ्या करण्यासाठी गरजेप्रमाणे हाताने अगर वीजमोटारवर चालणारे यंत्र त्यांनी विकसित केले आहे. शेतकऱ्यांना उपयोगी पडू शकतील अशी अनेक लहानमोठी अवजारे त्यांनी विकसित केली आहेत. एखाद्या कामाचा बारकाईने अभ्यास करून त्यानुसार त्या कामात जास्तीत जास्त सुलभता आली पाहिजे असे यंत्र तयार करताना त्यांचा ध्यास असतो.

भात गोळ्या तयार करण्यासाठी लागणारे मातीचे माध्यम कसे असावे यावर त्यांचा बराच अभ्यास आहे. स्वतःच्या शेतासाठी शेतकरी हे यंत्र वापरू शकतात. अगर उन्हाळ्यात गोळ्या तयार करून देण्याचा लघूउद्योग एखादा उभा करू शकेल असे त्यांचे म्हणणे आहे. भात टोकण करण्याऐवजी फक्त गोळी टाकून पायाने मातीत दाबली की काम झाले! त्यांच्या पद्धतीने पेरणीचे काम खूपच कमी श्रमात वेळात होऊ शकेल. गोळ्या इतस्ततः न फेकता ओळीत पेरता याव्यात यासाठी त्यांनी एक मार्कर यंत्र विकसित केले आहे.

एक माणूस ओल्या जमिनीवर ते मागे मागे ओढत जातो. त्यातून जमिनीवर लमटणाऱ्या खुणांवर एक गोळी हाताने टाकून पायाने दाबली की टोकण झाली. पेरणी ओळीत झाल्याने हात कोळप्याने निंदणी करून तणनिर्मूलन करणे सुलभ होते. २५-३० दिवसांपर्यंत पावसाचे पाणी खाचरात साठणार नाही व त्यानंतर दार बंद करून गरजेप्रमाणे खाचरात पाणी उभे करता आले पाहिजे अशी खाचराची रचना करण्यात आली आहे.

बैल, पॉवर टीलरची गरज संपुष्टात आणून कमीत कमी मजूर व वेळेत भात शेतीतील कामे कशी करता येतील याचा हा एक आदर्शपाठ ठरावा. कोकणातील भात शेतीत बिना नांगरणीची पेरभात पद्धत रुजावी यासाठी केलेल्या वाटचालीत ही दोन मंडळी भेटली. कोकणातही हे परिवर्तन होऊ शकेल असा थोडासा विश्वास निर्माण झाला. वाडेकरांचा गोळ्यांचा प्रयोग ज्वारी, कापसासह देशावरील इतर अनेक पिकांतही अंमलात आणता येणे शक्य आहे.

११) डॉ. बी. के. ठोंबरे
लोनगाव ता. माजलगाव, जि. बीड
मो. ९०११४५१२५१

व्यवसायाने डॉक्टर असूनही ते आपली शेती अतिशय उत्तम प्रकारे सांभाळतात. उपलब्ध साहित्याचा बारकाईने अभ्यास करतातच; त्याचबरोबर शेतीतील पीकविषयक प्रत्येक कामाचे बारकाईने निरीक्षण करतात. त्यांच्याकडे २०-२२ एकर डाळिंबाची बाग असून थोड्या प्रमाणात संत्री, मोसंबी, केशर आंबा यांची बाग आहे. बागेत गेल्या वीस वर्षांपासून ते आंतरमशागत करत नाहीत. बागेत वाढणारे सर्व प्रकारचे गवत, तणे कापून तिथेच आच्छान केले जाते. शक्य झाल्यास बाहेरून ऊसाचे पाचट आणून आच्छादन केले जाते.

गेल्या दोन वर्षांपासून डाळींब बागेत ते आंतरमशागत करत नाहीत. झाडाभोवती उसाच्या पाचटाचे आच्छादन केले जाते. बागेत तणे मोठ्या प्रमाणावर वाढू दिली जातात. त्याचेही आच्छादन केले जाते. शेणाची स्लरी तयार करून त्यामध्ये थोड्या प्रमाणात रासायनिक खते मिसळून यंत्राच्या साहाय्याने स्लरी प्रत्येक झाडाजवळ टाकली जाते.

डाळींब बागेत आंतरमशागत केल्यास झाडांना मर लागण्याचे प्रमाण वाढते असे अनेक डाळींब बागायतदारांचे म्हणणे आहे. या मताशी ते पूर्णपणे सहमत आहेत. त्या व्यतिरिक्त त्यांनी मशागत बंद केलेल्या बागांमध्ये बहरानंतर कळ्या येतात. पण फळधारणा न होता त्या गळून जातात. फळधारणा न होणे हा डाळिंबातील एक ज्वलंत प्रश्न मानला जातो. मशागत बंद केलेल्या बागेत हा प्रश्नच संपून जातो. नुकतीच भट दिली असता त्यांच्या बागेत उत्तम फळधारणा झाल्याचे त्यांनी प्रत्यक्ष दाखवले. पाणी व्यवस्थापन, पिकाचे पोषण, छाटणी कशी करावी, बागेत तणे केव्हा वाढवावीत व केव्हा मारून

टाकावीत आदी अनेक तंत्राबाबत त्यांनी बारकाईने अभ्यास केलेला आहे. आटपाडी, सांगोला, जत, पंढरपूर प्रमाणे इकडे अजून तरी तेल्याने उग्र रूप धारण केलेले नाही. तरीही त्याबाबत ते सतत जागरूक असतात.

वयाची ६५ वर्षे ओलांडलेला हा 'तरुण' शेतकरी सतत नावीन्याचा अभ्यास करण्यात व्यस्त असतो व त्यासाठी अथक परिश्रम घेण्याची त्यांची तयारी असते. नांगरणीशिवाय शेतीतील व पीक पोषणातील भू-सूक्ष्मजीवशास्त्रीय बारकावे समजून घेण्यासाठी आमच्यात प्रदीर्घ काळ चर्चा झाली. दोन वर्षांत ते दुसऱ्यांदा माल घेत आहेत. काही वर्षांपूर्वी त्यांच्याकडे ऊस शेती होती. उसात नांगरणीशिवाय शेतीचे प्रयोग त्यांनी केले होते. डॉ. ठोंबरे यांचे डाळींब बागायतदार संघाचे पदाधिकारी म्हणूनही काम आहे.

१२) श्री. शिवलिंगाप्पा संघ
मु. पो. ता. जत, जि. सांगली
मो. ८८०६११३११६

जत या अत्यंत कमी व बेभरवशाचे पाऊसमान असणाऱ्या सांगली जिल्ह्याच्या तालुक्यात श्री. संघ यांची शेती आहे. पाच हेक्टर द्राक्षे व दोन हेक्टर डाळींब अशी त्यांची पिके आहेत; तर आणखी दोन हेक्टर डाळींब लावण्याची पूर्वतयारी त्यांनी केलेली आहे. गेल्या अडीच वर्षांपासून त्यांनी संपूर्ण बागेतील आंतरमशागत बंद केली आहे. बागेत योग्य वेळी तणे वाढवून व मारून टाकण्याचे तंत्र त्यांनी अभ्यासाने अवगत केले आहे. या व्यतिरिक्त पेंडी वापरणे, मका कडबा, ढेंचा आच्छादन व जुनी द्राक्षबाग काढल्याने मोठ्या प्रमाणावर उपलब्ध झालेली काड व लाकडे थेट बागेतच कुजवून कशी विलीन करता येतील यावर त्यांचे वेगवेगळे प्रयोग चालू आहेत.

आपली संपूर्ण द्राक्षे ते स्वतः निर्यात करतात. त्यासाठी आवश्यक असणाऱ्या सर्व सुविधा त्यांनी उभ्या केल्या आहेत. शून्य मशागतीमुळे डाळींब बागेत झालेला एक बदल त्यांनी खास नमूद केला आहे. दाण्यांचा रंग पांढरा अगर गुलाबी न होता गडद लाल होत असल्यामुळे मालाला चांगला दर मिळत असल्याचा त्यांचा अनुभव आहे. २०११ च्या हंगामात काही लहान आकाराचा माल बाहेरून पूर्णपणे हिरव्या रंगाचा होता. त्याला फारसा दर मिळण्याची त्यांना अपेक्षा नव्हती. परंतु आतील दाणे मात्र गडद लाल असल्याने त्यालाही उत्तम दर मिळाल्याचे व याचे श्रेय केवळ शून्य मशागतीला असल्याचे त्यांनी सांगितले.

शून्य मशागतीमुळे पाण्याचा वापर पूर्वीपेक्षा खूप कमी झाला असल्याचे त्यांनी सांगितले. खास करून त्यांच्या भागातील पाण्याची उपलब्धता विचारात घेतल्यास हा फायदा खूपच महत्त्वाचा आहे. शून्य मशागत व काटेकोर सेंद्रिय पीक पोषणातून डाळींब बागेतील तेल्या व मर रोग चांगल्या प्रमाणात आटोक्यात आल्याचे त्यांनी सांगितले. तेल्या आटोक्यात ठेवण्यासाठी नवीन उभ्या करावयाच्या डाळींब बागेत ठराविक अंतरावर दाट वनभिंती तयार करण्यासाठी त्यांनी मोठे बांध घातले आहेत. त्यावर कोणती झाडे लावणे शक्य होईल याचीही जमवाजमव ते करत आहेत. वनभिंतीमुळे वारा अडवला गेल्यास त्याचा डाळींब बागेला फायदा होऊ शकेल असे त्यांचे म्हणणे आहे.

शून्य मशागतीमुळे द्राक्ष बागेत घडनिर्मिती झाल्यानंतर छाटलेल्या फांदीच्या शेंड्याला नवीन फूट येण्याचे प्रमाण मोठ्या प्रमाणावर कमी झाले. ती सतत काढण्यासाठी लागणाऱ्या खर्चात व मनुष्यबळात कपात करता आली, असेही त्यांनी नमूद केले. द्राक्ष व डाळींब यांसारख्या भरपूर खर्च मेहनत (श्रम व ज्ञानाची) करून भरपूर कमाई देऊ शकणाऱ्या फळबागांत रमलेले श्री. संघ आता कोरडवाहू ज्वारीसारख्या, त्या मानाने हलक्या समजल्या जाणाऱ्या पिकातही शून्य मशागत पद्धतीने काम करण्याची इच्छा व्यक्त करतात.

श्री. संघ व डॉ. ठोंबरे सतत नावीन्याच्या शोधात फिरत असतात व चर्चा करत असतात. शून्य मशागत तंत्रावर त्यांनी कोल्हापूरात दोन वेळा चर्चा केली व त्यानंतर स्वतःच्या बागेची भेट घडवून आणली. बागभेटीबरोबर आणखी दोन दिवस सतत चर्चेला मिळावेत असे नियोजन होते. श्री. संघ यांचे महाराष्ट्र राज्य द्राक्ष बागायतदार संघ व डाळींब उत्पादक संघाचे पदाधिकारी म्हणूनही काम आहे.

१३) श्री. राजेश पाटील, यवतमाळ
मो. ९४२३६६३२६६

श्री. पाटील यांनी २०११ सालच्या हंगामात प्रायोगिक एक हेक्टर क्षेत्रावर शून्य मशागत पद्धतीने १२० सें.मी. अंतरावरील ओळीत श्री. पाटील यांनी

कपाशीची पेरणी केली. कपाशीच्या दोन्ही बाजूस ३० सें. मी. पर्यंत निंदणी केली व मधील ६० सें. मी. च्या पट्ट्यात तण वाढवले. पावसाळाअखेर तणनाशकाने तणे मारून टाकली. त्यावर्षी पावसाळा लवकर संपला व उशिराने पडणारे अवकाळी पाऊस पडले नाहीत. मधील तणांच्या पट्ट्यामुळे तरीही दीर्घ काळ पिकाला ओलावा मिळत राहिला. त्यांच्याकडे ठिबक संचिनाने संरक्षित पाणी देण्याची सुविधा उपलब्ध आहे. तरीही डिसेंबर अखेरपर्यंत त्याचा वापर करण्याची गरज पडली नाही. नांगरणीशिवाय शेती तंत्र व तणांच्या पट्ट्यातील आच्छादन यांचा व मुळांच्या जाळ्यात किती पाणी आपण साठवू शकतो याचा थोडासा अंदाज या पिकातून आपल्याला येऊ शकेल. शेत तळे तयार करून दोन महिने संरक्षित पाणी देण्याची सुविधा निर्माण करण्याइतके काम कोणताही खर्च न करता (स्वतःचा अगर अनुदान रूपाने सरकारचा) होऊ शकेल असा विश्वास निर्माण झाला. ज्वारी-तूर यांसारखे पिकांचे जीवनचक्र इतक्या ओलाव्यावर उत्तम प्रकारे आपण पूर्ण करू शकू असा विश्वास निर्माण झाला. पुढे जानेवारीपासून श्री. पाटील यांनी ठिबक यंत्रणा सुरू करून आणखी फर्दड मिळवली.

या एका छोट्या प्रयोगातून आत्मविश्वास मिळाल्यानंतर २०१२ सालच्या पीक पद्धतीची गणिते त्यांनी मनात पक्की केली. कपाशी पिकातील अंतर १२० सें. मी. वरून १८० सें. मी. नेण्याचे ठरवले. याप्रमाणे पिकाच्या दोन ओळीतील अंतर वाढवल्यामुळे आधीच्या वर्षीचा ६० सें.मी.चा तणाचा पट्टा आता १२० सें. मी. पर्यंत वाढवणे शक्य होईल असे मत त्यांनी व्यक्त केले. २०१२ सालात आपले पूर्ण ५ हेक्टर कपाशी ३.५ हेक्टर सोयाबीनचे क्षेत्र नांगरणीशिवाय शेती पद्धतीने त्यांनी घेतले. ८.५ हेक्टरच्या पूर्व मशागतीसंबंधित कोणतेच काम उन्हाळ्यात नसल्यामुळे ते, त्यांचा ट्रॅक्टर चालक व ट्रॅक्टर उन्हाळ्यात निवांत होते.

पूर्व मशागतीवर होणारा ३०-४० हजार रुपयांचा खर्च त्यांच्या खिशात तसाच पडून असल्याचे त्यांनी नमूद केले. पूर्व मशागतीच्या पैशात पूर्ण बचत, आंतर मशागतीच्या खर्चात मोठ्या प्रमाणावर बचत, निंदणी खर्चात बचत, तसेच मूलस्थानी जलसंवर्धनातून पाण्याच्या टंचाईच्या काळात पिकाला कोणताही खर्च न करता दीर्घ काळ मिळू शकणारा ओलावा इतके फायदे मिळाल्यास नापिकीमुळे मोठ्या प्रमाणावर आत्महत्या होत असतील तर आपण त्या थांबवू शकू असा प्राथमिक विश्वास या प्रयोगातून मिळू शकतो.

प्रचंड मोठ्या कोरडवाहू क्षेत्रासाठी कमीत कमी खर्चात सेंद्रिय खत व्यवस्थापन कसे करावे हा एक मोठा ज्वलंत प्रश्न असूनही आज तरी या विषयावर फारशी चर्चा नाही. जमिनीची सुपीकता हा मध्य धरून पिके घेण्याची तंत्रे विकसित झाली पाहिजेत असे माझे पक्के मत असल्याने माझे विचार या भोवतीच फिरत राहतात. तणाचा पट्टा कुजून पुढील वर्षासाठी तो पट्टा सुपीक होणार आहे. पिकाचा पट्टा या सुपीक जमिनीत व तणांचा पट्टा गेल्या वर्षी पीक वाढवून कमी झालेली सुपीकता भरून काढण्यासाठी पिकाच्या पट्ट्यात, अशा रचनेमुळे या तंत्राचे खरे फायदे पुढे वर्षानुवर्षे वाढत्या श्रेणीत मिळत जाणार आहेत.

जागेलाच सेंद्रिय पदार्थ सातत्याने कुजत राहिल्यामुळे जमिनीची सुपीकता व उत्पादनाचा दर्जा वाढवून मिळू शकणारे फायदे अजून आपल्या विचार शक्ती पलीकडील आहेत. पूर्व अनुभवामुळे आज फक्त याची जाणीव वाचकांपुढे ठेवत आहे. आज २०१२ सालातील पीक पद्धतीसंबंधी विचारले असता त्यांनी शेजारीपाजारी अगर गावात नांगरून पेरलेल्या पिकाच्या तुलनेत त्यांचे पीक उजवे व समाधानकारक असल्याचे सांगितले.

१४) श्री. शरद सर्जेराव पवार

मु. पो. अहिरवाडी, ता. वाळवा, जि. सांगली
मो. ७५८८१६७७९७

श्री. पवार यांना २०११च्या हंगामात पूर्व मशागतीची कामे संपल्यानंतर शून्य मशागत तंत्राबाबत माहिती मिळाली. मशागतीचे काम थांबवले आणि २०१२ सालातील सर्व पिके शून्य मशागत अगर कमीत कमी (गरजेपुरत्याच) मशागतीवर घेतली. त्यांनी शून्य मशागत पद्धतीने ४० आर हळद ७५ आर गवार गम तर गरजेपुरत्याच मशागतीवर ऊस व शाळू ही पिके घेतली. २०११ च्या हंगामात हळदीत तणे वाढवून त्याचे व्यवस्थापन करून सर्व तणे जमिनीतच आच्छादन रूपात कुजवली व अत्यंत कमी खर्चात दर्जेदार हळदीचे चांगले उत्पादन त्यांना मिळाले.

२०११-१२ च्या हंगामात मोठ्या तेजीनंतर हळद एकदम मंदीत गेली तरीही त्यांचे पीक चांगले फायद्यात होते. २०१२ च्या हंगामात हळदीचे क्षेत्र गावात १६ हेक्टर वरून ८० आर वर आले. २०१२ च्या हंगामात हळदीचे १००% शून्य मशागतीवर ऊसानंतर वरंब्यात खोडवे तसेच ठेवून तणनाशकाने मारून जुन्याच सरी वरंब्यावर हळद पीक घेण्याचे त्यांचे नियोजन होते. असे करण्यास इतरेजनांचा तीव्र विरोध होता. परंतु त्यांच्या निर्णयात कोणताही बदल झाला नाही.

सर्व साधारण शेतकरी हळदीचे कंद जमिनीत वाढत असल्याने पूर्व मशागत व सेंद्रिय खतावर अतोनात खर्च करतात. पवारांनी हे दोन्ही खर्च शून्यावर आणले आहेत. शून्य मशागत तंत्रात उसाची खोडकी व मुळांचे जाळे जागेलाच कुजल्याने या दोन्ही प्रमुख खर्चिक कामांना १००% फाटा देणे शक्य असल्याचा विश्वास त्यांनी प्राप्त केला आहे. सर्वसामान्यपणे हळद उगवण्यास ३०-४५ दिवस लागतात. चालू वर्षी शून्य मशागतीवर केलेली हळद फक्त १५ च दिवसात शंभर टक्के उगवली. या जलद उगवणीने सर्वजण चक्रावून गेले आहेत. याला दुसरे कोणतेच कारण सापडत नसल्याने याचे श्रेय शून्य मशागतीलाच द्यावे लागते. आज हळद पीक उत्तम दिसत आहे.

मशागत व सेंद्रिय खताचा मिळून १५-२० हजार रुपयांचा खर्च आताच कमी झाला आहे. शेतकरी हळदीसाठी निंबोळी पेंड, सल्फेट ऑफ पोटॅश, सूक्ष्म अन्नद्रव्ये, अनेक प्रकारची टॉनिक, यांचा सतत वापर करून उत्पादन खर्च मोठ्या प्रमाणात वाढवतात. शिफारशी इतकेच नत्र, स्फुरद, पालाश व्यतिरिक्त इतर कोणत्याही खतांचा वापर श्री. पवार करणार नाहीत. तरीही नेहमीच्या सरासरीपेक्षा उत्पादन जास्त मिळेल असा त्यांना विश्वास वाटतो.

गवार गम हे एक नवीन पीक दक्षिण महाराष्ट्रात प्रथमच त्यांनी व त्यांच्या ४-५ मित्र मंडळींनी घेतले आहे. त्यांची ७० आर गवार गमही नांगरणीशिवाय शेती पद्धतीनेच त्यांनी घेतली आहे. या व्यतिरिक्त अत्यंत कमी मशागतीवर ऊस व शाळू अशी दोन पिके ते घेणार आहेत. दररोज सायंकाळी सर्व मित्रमंडळी एकत्र बसून शेतीत झालेल्या कामाचा आढावा घेतात. पुढील कामाचे नियोजन करतात. तसेच आलेल्या अडचणी सोडवण्यासाठी संबंधित तज्ज्ञांचा दूरध्वनीद्वारे अगर प्रसंगी प्रत्यक्ष भेटून सल्ला घेतात. एखाद्या चांगल्या पिकाचा सुगावा लागल्यास, एखाद्या नवीन उपक्रमाची माहिती मिळाल्यास त्वरीत सर्वजण एकत्रितपणे जाऊन तेथे भेट देऊन माहिती घेतात. उपयुक्त माहितीनुसार सर्वजण आपल्या शेतात योग्य ते बदल अगर कामात सुधारणा करतात. यातून सर्वांचाच अंतिम फायदा होतो.

त्यांच्या मित्रमंडळीतील आणखी काही शेतकऱ्यांनी शून्य मशागत तंत्राचा अवलंब सुरू केला आहे.

१५) श्री. रामराव विठ्ठल निकम

रा. अहिरवाडी, ता. वाळवा, जि. सांगली
मो. ७७०९१५२०६३

श्री. निकम हे हरहुन्नरी शेतकरी आहेत. शेतीतील कामात ते सतत मग्न असतात. शेतीतील प्रत्येक कामावर त्यांचे अत्यंत बारीक लक्ष असते. नावीन्याचा त्यांना प्रचंड ध्यास आहे. नवीन कल्पना पटली की ती शेतात उतरवल्याशिवाय ते राहत नाहीत. यासाठी परंपरा सोडण्याची त्यांची नेहमीच जय्यत तयारी करत असते. अल्पभूधारक असल्याने त्यांनी एक बैलाची गाडी व शेतीतील सर्व कामासाठी अवजारे तयार करून घेतली होती. तसेच एक बैलही सांभाळला होता. शून्य मशागत तंत्राविषयी विश्वास प्राप्त झाल्यावर त्यांनी त्वरीत बैल व अवजारे विकून टाकली. शून्य मशागत, बैल व अवजारे विकणे याला बाकी लोकांचा विरोध असूनही आपण घेतलेल्या निर्णयावर ते ठाम राहिले. त्यांनी २०११ मध्ये अंशतः आणि २०१२ मध्ये शंभर टक्के शून्य मशागत तंत्र वापरले. शून्य मशागत तंत्राप्रमाणेच इतर अनेक चाकोरीबाह्य प्रयोग त्यांनी अवलंबले आहेत. २०११ साली पारंपरिक १८ इंचांऐवजी ओळीत ३० इंच अंतर ठेवून त्यांनी ज्वारीची पेरणी केली. त्यानंतर त्यांनी शून्य मशागतीचा अभ्यास केला.

आता ज्वारीतील आंतरमशागत त्यांनी बंद केली आहे. तणे वाढवली व तणनाशकाने मारली. तणांचा बुडखा व मुळे जमिनीतच राहिली पाहिजेत हे नवीन तंत्र तर त्यांनी अवलंबलेच, याचबरोबर सर्वत्र ज्वारीचा कडबा उपटून काढण्याची प्रथा असताना बुडखा व मुळे जमिनीतच राहून, कुजून त्याचे खत होऊन जमीन सुपीक व्हावी यासाठी कडबा

उपटून न काढता त्यांनी कापून काढला. २०१२ च्या पावसाळ्यात त्यांनी कडब्याच्या अवशेषातच कोणतीही मशागत न करता मूग व चवळीची टोकण केली. त्याची शंभर टक्के उगवण होऊन पिकाची वाढ जोमदार आहे. त्यांच्या शेजारील शेतकऱ्याने भरपूर मशागत करून पेरलेल्या पिकाची अपुऱ्या पावसाअभावी उगवण ही व्यवस्थित झालेली नाही व वाढीचा जोमही नाही. आता ज्वारीचे अवशेष कुजून त्याचे सेंद्रिय खत होण्याचे काम सुरू झाले आहे. ज्वारी शून्य मशागतीवरच ते टोकणार आहेत.

त्यांनी निडवा ऊस राखला आहे. खोडवा उसाची उगवण झाल्यानंतर दर दोन सऱ्याआड एका सरीतील ऊस ग्लायसेल औषधाने मारून टाकला आहे. त्यामुळे तिसऱ्या वर्षीच्या उसात त्यांना उसांची योग्य संख्या मिळेल असे त्यांनी सांगितले. कोरडवाहू ज्वारी क्षेत्रात ६० आर क्षेत्रात त्यांना २० क्विंटल ज्वारी २०११ मध्ये मिळाली. मिठाची फवारणी जमिनीतून देणे यासारखे त्यांचे प्रयोग चालू असतात.

१६) श्री. संदीप दिनकर यादव

अहिरवाडी, ता. वाळवा, जि. सांगली

मो. ८२७५०२९४०८

अहिरवाडीतील शून्य मशागत मित्र मंडळाच्या माध्यमातून संदीप यादव शेती करतात. त्यांचे क्षेत्र एक हेक्टर ६० आर आहे. त्यांनी २०११ सालात अंशतः शून्य मशागत तंत्र अवलंबले. २०११ पासून शंभर टक्के शून्य मशागतीचा वापर चालू केला. त्यांच्याकडे ऊस, भुईमूग, तेलताड अशी पिके आहेत.

१७) श्री. दीपक निवृत्ती खामकर

मु. पो. अहिरवाडी, ता. वाळवा, जि. सांगली

मो. ७५८८५८६६३७

२०११ साली अंशतः शून्य मशागत शेती केली. २०१२ पासून शंभर टक्के क्षेत्रावर शून्य मशागत तंत्राचा वापर केला. २०१२ सालात उसानंतर खोडवे मारून (उन्हाळी हंगाम) त्यांनी भोपळा (लाल) पीक उत्तम प्रकारे घेतले. त्याच जमिनीत आता पावसाळ्यात गवारगम हे नवे पीक कोणतीही मशागत न करता त्यांनी टोकले आहे.

अहिरवडीतील या मित्र मंडळींची शून्य मशागत तंत्रात प्राथमिक वाटचाल चालू आहे. या नवीन तंत्रात उतरण्यापूर्वी शून्य मशागत चालू असलेल्या काही क्षेत्रांना भेटी देऊन त्यांनी खात्री करून घेतली. माझ्या प्रक्षेत्राला त्यांनी दोन वेळा भेट देऊन चर्चा करून अभ्यास केला व नंतरच या तंत्राचा अवलंब सुरू केला. भरपूर मशागतीची परंपरा असता या तरुण मंडळींनी एकदम चालू केलेले शून्य मशागत तंत्र बाकीच्यांना रुचणारे नव्हते. काही वेळा घरचा व बाहेरील अनेकांचा विरोधही पत्करून वाटचाल करावी लागली. एक-दीड वर्षांचीच वाटचाल असली तरी आता हळूहळू इतरांच्या अनुकूल मतपरिवर्तनाला सुरुवात झाली आहे. मतभेदाचे वातावरण कमी कमी होत चालले आहे. बहुतेक ठिकाणी असेच चित्र आहे.

म्हणूनच वरील काही शेतकऱ्यांची अल्पमुदतीची शून्य मशागत शेती असली तरी पुस्तकात मुद्दाम त्यांची नावे समाविष्ट केली आहेत. यातूनच हा नवीन उपक्रम सुरू करणाऱ्यांना मार्गदर्शनपर दिशा मिळेल असे वाटते.

१८) श्री. अधिकराव आंबी

मु. पो. बहे, ता. वाळवा, जि. सांगली

श्री. आंबी त्यांची १ हेक्टर १० आर शेती ते शून्य मशागत तंत्राने करतात. मी या तंत्राचा वापर २००५ पासून सुरू केला. तेव्हापासूनच दरवर्षी दोनचार वेळा माझ्या शेतीला त्यांची भेट असते. पाच वर्षांपासूनच त्यांनी या तंत्राकडे वळण्याचे ठरवले व उसानंतर नांगरणीशिवाय शेती तंत्राकरता सोयाबीन भुईमूगसारखी उत्पादने घेतली. ४० आरच्या एका क्षेत्रात त्यांना कधीही ४० टनांच्यावर उत्पादन मिळत नव्हते. ऊस, खोडवे, सोयाबीन असा पहिल्या तीन वर्षांचा टप्पा पार करून दुसऱ्या टप्प्यातील लावणीचे पीक आता उभे आहे. पहिल्या टप्प्यात त्यांना ५०-५५ टनापर्यंत उत्पादन मिळाले. आता दुसऱ्या टप्प्यातील लावणीचा ऊस अप्रतिम आहे. मुख्य रस्त्यालगतच हे क्षेत्र असल्याने गावात हा चर्चेचा विषय झाला आहे.

हे क्षेत्र सहकारी पाणी पुरवठा संस्थेच्या पाण्याखालील आहे. हा उल्लेख मुद्दाम करण्यामागे हा हेतू आहे, की उन्हाळ्यात त्याला भरपूर पाणी मिळालेले नाही. प्रसंगी दोन पाण्याच्या पाळ्यांत गरजेपेक्षा जास्त अंतर राहिलेले आहे. त्यांनी दिलेल्या रासायनिक खताचे हप्ते पाहता त्याचा

कोणताही अतिरेक झालेला नाही. शिफारशीप्रमाणेच साधारण खताच्या त्या मात्रा आहेत. त्यांच्याकडे जनावरे नाहीत. यामुळे शेणखत, कंपोस्टचा वापरही अजिबात झालेला नाही. शून्य मशागत व जुन्या पिकाचे अवशेष जागेला कुजवून जमिनीची सुपीकता वाढत चालली आहे; त्यालाच अखेर या पिकाच्या वाढीचे श्रेय द्यावे लागते.

सुरुवातीच्या काळात गावातून त्यांना या परिवर्तनाकडे वळण्यास प्रचंड विरोध झाला. काही वेळा त्यांचा आत्मविश्वास डळमळू लागला दूरध्वनीवरील सततच्या चर्चेने त्यांना बळ दिले व त्यांची वाटचाल चालू राहिली. सुरुवातीला इतरेजनांच्या दृष्टीने थट्टेचा विषय असणारे हे तंत्र आज गावातील अनेकांच्या मनात जिज्ञासा उत्पन्न करण्यात यशस्वी झाले आहे. सर्व बाजूंनी परिस्थितीचा रेटाच असा आहे, की हळूहळू इतरेजनांना या बाजूला वळावेच लागेल. सुरुवातीचा वाटचालीचा वेग हळू असेल. तो तसाच असणे चांगले आहे. त्यांचे यश पाहून आणखी एक शेतकरी त्यांच्या तंत्राने शेती करत आहे.

१९) श्री. भगवान विश्वास यादव

मु. पो. बहे, ता. वाळवा, जि. सांगली

श्री. यादव यांचे १ हेक्टर १० आर क्षेत्र आहे. त्यांनी उसाच्या वाढीचा जोम पाहता रासायनिक खत वापरणेच एकदम कमी करून टाकले. सन २०११ मध्ये त्यांना ४० आरसाठी ४० टन उत्पादन मिळाले. त्यात ते समाधानी आहेत.

सांगली जिल्ह्यातील कृष्णाकाठच्या वरील सर्व शेतकऱ्यांच्या जमिनीचा आम्लविम्ल निर्देशांक ८-८.५ चे आसपास आहे. क्षारतेचे प्रश्न आहेत. सेंद्रिय खत गरजेइतके वापरणे केवळ अशक्य आहे. सर्वत्र भरमसाठ खते व पाणी देऊन उत्पादन पातळी टिकवण्याची धडपड चालू आहे. या पार्श्वभूमीवरील वरील सर्व शेतकऱ्यांच्या शेताला प्रत्यक्ष भेट दिल्यानंतरच हे लेखन करत आहे. मी कोणाही शेतकऱ्यांच्या जमिनीतील मातीचे प्रयोगशाळेत परीक्षण करून घेतलेले नाही. प्रत्येक शेतकऱ्यांच्या शेतीतील मूठभर माती हातात घेतल्यास कोणालाही मातीच्या पोतात होत असणारा बदल लक्षात येण्यासारखी परिस्थिती आहे.

जमिनीची सुपीकता वाढवत नेणे व सर्व खर्चात बचत करणे या दोन गोष्टींनीच प्रत्येकाला इकडे वळण्याचे बळ दिले आहे. ती मुद्दामच उत्पादन व उत्पादनखर्चाच्या आकडेवारीची कोष्टके दिलेली नाहीत. निसर्गातील अनेक घटकांचा त्यावर इतका प्रभाव असतो की हे आकडे सतत मोठ्या प्रमाणात वरखाली होत असतात. प्रत्येक गोष्टीचे मूल्यमापन केवळ किती उत्पादन आले, यातून करण्याची जी प्रथा आहे ती मला योग्य वाटत नाही. उत्पादन कसे घेतले हे महत्त्वाचे आहे. इथेही वैचारिक परिवर्तनाची गरज आहे, इतकेच म्हणता येईल.

२०) श्री. अरविंद चौधरी, धुळे

मो. ९४२२२८७१५८

श्री. चौधरी इलेक्ट्रिक सामानाच्या विक्रीचे आपले दुकान सांभाळून दोन हेक्टर सीताफळ बागेची शेतीही उत्तम प्रकारे सांभाळतात. ते संपूर्ण शेती शंभर टक्के सेंद्रिय पद्धतीने करतात. गेल्या ५-६ वर्षांपासून बागेत कोणतीही मशागत ते करत नाहीत. बागेत तणे मोठ्या प्रमाणात वाढवतात व कापून तेथेच आच्छादन करतात. तणनाशकाचा वापर करत नाहीत. संवर्धित शेतीवरील चौथ्या अधिवेशनापूर्वीच या तंत्राचा वापर श्री. चौधरी यांच्याकडे चालू झाला आहे. बागेत केव्हा तणे वाढवायची व कापावयाची याचे सूत्र त्यांनी आत्मसात केले आहे. ते म्हणतात, आता पूर्वीच्या तुलनेत १५-२०% उत्पादन जास्त मिळते. या व्यतिरिक्त आपल्या सीताफळांना सेंद्रिय पद्धतीमुळे एक वेगळी चव, स्वाद, सुगंध असतो, असे त्यांचे म्हणणे आहे. बाग धुळे शहरानजीक रस्त्याकडेलाच आहे. बागेलगतच त्यांनी विक्रीकेंद्र उभारले असून शंभर टक्के माल तिथेच विकला जातो. त्यांना बाजार समितीकडे जाण्याची गरजच पडत नाही. अनेक ग्राहक त्यांचा माल तयार होण्याची वाटच पाहत असतात. सीताफळ बागायतदार संघाचे पदाधिकारी म्हणून त्यांचे काम आहे.

माझ्याशी प्रत्यक्ष भेट व दूरध्वनीद्वारे संपर्क साधणाऱ्या, विविध पिके घेणाऱ्या महाराष्ट्रातील वेगवेगळ्या जिल्ह्यांतील काही शेतकऱ्यांचा परिचय इथे दिला आहे. प्रत्यक्ष संपर्कात नसणारे अनेक शेतकरी असावेत असा अंदाज आहे. चांगली मशागत करणे या आपल्या परंपरेच्या पूर्ण विरोधी हे तंत्र असल्याने फक्त तंत्राची माहिती न देता ते प्रत्यक्ष वापरणाऱ्या काही शेतकऱ्यांची माहिती पुस्तकात

येणे गरजेचे वाटल्याने ही माहिती संकलीत केली आहे. एकूण शेतीचा आवाका पाहता ही उदाहरणे अपवादात्मक म्हणण्यापेक्षाही कमी आहेत, याची मला जाणीव आहे. तरीही सुरुवात चांगली आहे. काही मोठ्या खर्चीक गोष्टींबाबत शेतकऱ्याला स्वयंपूर्ण बनवणाऱ्या व बाजारपेठेवरील त्याचे अवलंबित्व कमी करणाऱ्या या तंत्राचे भवितव्य उज्ज्वल आहे, इतका विश्वास देण्यास हे पुरेसे आहे असा मला विश्वास वाटतो.

लेखकाचा परिचय

- **प्रताप रघुनाथ चिपळूणकर**
  रा. ७४३, शाहुपुरी, तिसरी गल्ली, कोल्हापूर
- **शेती** : मु. नागदेववाडी, ता. करवीर, जि. कोल्हापूर
- **भ्रमणध्वनी क्रमांक** : ८२७५४५००८८
- **शिक्षण** : बी.एस्सी. (कृषि) (१९७०)
- **व्यवसाय** : पूर्ण वेळ शेतकरी
- **छंद** : तांत्रिक ग्रंथाच्या वाचनातून शेतीत सुधारणा करणे.
- शेतीपद्धती अधिक सुलभ करणे, सोप्या व कमी खर्चाच्या करणे. उत्पादनपातळी वाढवत नेणे, उत्पादनाचा दर्जा वाढवणे, जमिनीची सुपीकता, उत्पादकता सतत वाढवत नेणे. नांगरणीशिवाय शेती हा या वाटचालीचाच एक भाग आहे. १९९० ते २०१२ या काळात या तंत्राचा पुस्तकी अभ्यास करून शेतकरी उपयोगी तंत्रे विकसित करण्याची वाटचाल केली. २२ वर्षांतील अभ्यास व अनुभवांतून या ग्रंथाचे लेखन केले.
- **यापूर्वीची प्रकाशने**
  १) 'कमी खर्चाची ऊस शेती' मे २००९, कन्नड आवृत्ती २०१२
  २) 'फायदेशीर भात शेती' जानेवारी २०११
  ३) 'जमिनीची सुपीकता' नोव्हेंबर २०११

www.ingramcontent.com/pod-product-compliance
Lightning Source LLC
Chambersburg PA
CBHW061356240926
51846CB00007B/1429
* 9 7 8 9 3 8 0 5 7 1 4 1 6 *